U0278488

［日］松田道雄／著　　朱世杰／译

华夏出版社
HUAXIA PUBLISHING HOUSE

译者序

　　国庆节期间，我大学时的日语老师今井光裕夫妇从日本北海道到北京旅游，在接待的过程中无意中说起我近期翻译的这本松田道雄的育儿科普读物《我两岁》，了解到了该书及作者在日本的影响，深感自己做了一件有益于中国新生儿父母的事。

　　《我两岁》的作者松田道雄是日本著名的育儿专家，他的著作在日本乃至东南亚可谓是家喻户晓。松田道雄是一名儿科医生，在临床诊疗过程中发现患儿的家长存在很多的育儿误区，只有让家长学习正确的育儿知识，才是维护婴幼儿健康的根本之道。医生写的育儿书，科学性是有保障的，特别是其中关于疾病与健康的内容，更是会让读者增加一些自我判断的能力。

　　几年前我儿子出生的时候，到书店买了几本育儿方面的科普读物，大多因为知识性太强而没能深入研读。从一个两岁孩子的视角，以第一人称写的育儿图书，我还是第一次遇到。在翻译的过程中就像是在陪着一个两岁孩子一起长大，知识性与趣味性的结合，让我有一种相见恨晚的感觉。

　　初为人父人母，和一个说话不够流利的孩子在一起，还想着要照顾好他（她），就读读这本书吧。这样你会容易了

译者序

1

解一个孩子的真正需求，从而少犯一些自以为是的错误。书中关于不做"孩奴"及与婴儿交朋友的内容在日益发达的中国社会更是具有很强的现实意义。

最后感谢我的日语老师今井光裕先生在日语方面的指导，我的研究生王月姣、朱文婷也承担了部分内容的翻译及录入修改工作，小宝贝们的快乐成长是我们译者的最大心愿。

朱世杰

2011 月 10 月于北京

目 录

不想吃饭（一）——
不是病

　　"来，宝贝，吃一口吧，这是妈妈下工夫做的好吃的，两岁的宝宝最听话了。"

爸爸吃吧，爸爸吃吧。

　　妈妈在我嘴边举着盛满青菜末的小勺，轻声细语地念叨着。

　　我则被"安排"在儿童专用座椅上，一点儿也不能自由活动。在这一刻，我的人生仿佛都失去了色彩。

　　爸爸就坐在旁边，他把报纸铺在桌子上，正入迷地看着上面的小说连载，嘴里还嚼着茶点，有时还会无意识地去端起茶碗喝上一口。前几天就是这样把水洒了一桌子，惹得妈妈发了一通牢骚。

　　这几天我是不怎么爱吃饭，其实也没什么不舒服的，去年这个时候不是也不爱喝奶吗？像我这样饭量比较小的人，一到夏天吃得就更少了。昨天一天我仅喝了3次奶和几口米饭。炒菜啦、鸡蛋啦，我都不喜欢。鱼腥味就更不用说了。茶泡饭或是酸菜之类的，我倒是喜欢吃，但大人们也不让吃啊。为什么这些夏天的清淡饮食对我们小孩子就禁止了呢。海胆我喜欢吃，海苔也不错，如果再用小勺刮一点儿黄油，我就更喜欢了。但是妈妈一点儿也不了解我，这难道就是所谓的"代沟"吗？

妈妈费尽心机地让我吃了这些切碎的青菜，却不知道我最讨厌的就是青菜，那简直就是味道难吃的大拼盘。

"爸爸吃吧，爸爸吃吧。"

我用手指着爸爸说道，爸爸听了头也不抬地说："妈妈，给我来一勺吧。"爸爸说着张开了嘴巴，妈妈表现得很不情愿似的，把勺子送到了爸爸嘴里，说："爸爸最棒了，是不是很好吃呀？"

爸爸边嚼边装出很好吃的样子，但眼神却有些不对劲，我明白了，爸爸也觉得不好吃。爸爸的表情最有意思了，那是我从来没有看到过的样子，我兴奋地说道："爸爸再吃，爸爸再吃。"

"不行，这次轮到你了，要轮流吃。"妈妈说着又把勺子伸了过来。

"哎呀，给爸爸，给爸爸。"我说哎呀是最有反抗力的，而且只限于对大人使用。妈妈很不情愿地把勺子又伸向了爸爸。爸爸也看不下去报纸了，表情悲壮得又吃了一口，还不停地咂着嘴巴，我看了高兴地拍着手说："爸爸，全吃了吧。"

不想吃饭（二）——
不能勉强

　　妈妈知道我无论如何也不吃蔬菜了，就从冰箱里拿出了牛奶。我喝完牛奶，妈妈没有像往常那样再强迫我吃点儿米饭，我想大概是因为这3天我都对她准备的米饭一粒未动的缘故吧。

　　凉丝丝的牛奶最好喝了，但是加了糖就不好喝了，牛奶原有的香味就被破坏了。我以前喝的奶粉里最少有三分之一的成分是砂糖，再加上其他的一些添加剂，味道真的很差。无糖的奶粉对我来说还可以接受，但商店里供应量很少。谁都知道把砂糖当奶粉来卖是很有赚头的。

　　我一口气喝了一杯牛奶后才获得"释放"，妈妈把我从椅子上抱下来，随后把我放在用木栅栏做的隔间里。因为接下来妈妈要为爸爸准备上班的东西，我以前经常会趁他们不注意的时候惹些乱子，所以就被放在了木栅栏里。这个木栅栏是爸爸从他的同事家里拿来的二手货。

　　还记得我第一次被放进这个木栅栏时，我做过顽强地抵抗，但爸妈都忙得顾不上我，我看到他们没有反应，我也就没脾气了。

　　放在木栅栏里的一些好玩的玩具也对我很有吸引力，今天放在里面的是木制小汽车和积木，我推着小汽车在

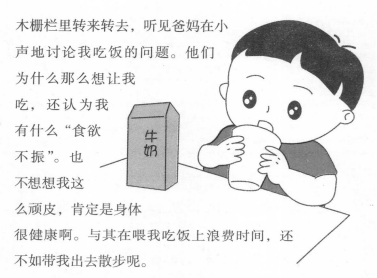

木栅栏里转来转去，听见爸妈在小声地讨论我吃饭的问题。他们为什么那么想让我吃，还认为我有什么"食欲不振"。也不想想我这么顽皮，肯定是身体很健康啊。与其在喂我吃饭上浪费时间，还不如带我出去散步呢。

我听见妈妈抱怨说："孩子一点儿也不好好吃饭，你也不想想办法，也不看看我为此费了多少心思啊。"

"我没有不关心啊，刚才你不是让我做示范吃过蔬菜末吗？还有前几天我把一大半的婴儿罐头都吃了，为了让宝宝吃一口，我要吃五口。这小子肯定把我当成动物园的狗熊了，看着我吃东西高兴呢。"

"我这不是也没有好办法吗？为了让儿子吃饭，我每顿饭都要花一个小时的时间，准备吃的也要半个小时吧，所以一天算下来有4个半小时花在儿子吃饭上。再看看你，在公司正经工作的时间也就4个小时吧，其余时间也就是抽烟、聊天之类的吧。"

"打断一下啊，伺候的对象太不一样了吧。你对宝宝用不着毕恭毕敬吧，我要伺候的可是必须要毕恭毕敬的老板呀，虽然都是工作，但是工作的性质不一样！"

破坏玩具——
成长的必要经费

　　妈妈在与爸爸的争论中败下阵来，她就要转移视线了。

　　"宝宝，你尿尿吗？"

　　我正在给小卡车上装积木，一点儿也不想被中断。

　　"我不尿尿，我不尿尿……"

　　妈妈装作听不见，把我抱起来就直接往卫生间走。我挺害怕那个阴暗的、一冲水就发出"轰"的一声的卫生间，所以就更加抵抗。妈妈坚持了两分钟，实在坚持不下去了，就又把我抱回到木栅栏里面了。

我又拿到小卡车了，小卡车的前灯有些微微凸起，我看到从平面上凸出的东西，心里就不能平静，也不能当做没事儿似的看着。好！我把它敲下来吧！我挑了一个最大块儿的积木当做锤子，"咔、咔、咔"地敲起来。

"嘿！不行，不能破坏玩具！"

爸爸大声地制止着。我偷瞄了爸爸一眼，距离3米，他正在系领带。这种情况我还是安全的，我判断完状况后仍继续我的工程，这个前灯还真是不容易敲下来呀。妈妈小声对爸爸说：

"你这样批评他是没有用的，他都没觉得自己做错事了。"妈妈走近我，拿走了我当锤子用的大积木，脸上也没有露出生气的样子。我想大喊"别拿！"但在妈妈面无表情的时候，说什么都没用。没办法我又挑了个小的积木继续敲打。爸爸同妈妈的对话还在继续：

"你看，他损坏东西的事就是要必须制止，咱们必须养成制止的习惯！"

"小孩子弄坏玩具可不是破坏呀，是成长必需的经费呀。"

"是吗？那么日本的玩具制造业应该造出更结实的玩具才行，最大范围地减少我们的必需经费才行呀。"

"说得没错，很快那种可以解体的玩具就被研制出来了呀，被你这样不理解的爸爸训斥的日本的小孩子太可怜了。"

我终于一点儿一点儿地把小卡车的前灯给敲下来了，在体会到胜利的同时，我突然想尿尿，而且已经等不及了……

"哎呀，宝宝，刚才让你尿，你就不尿，你看尿出来了吧！"爸爸在偷偷地坏笑："你呀，你不是也在训斥宝宝吗。"

可以批评吗（一）——
小孩子的个性也是个问题

　　妈妈一如既往没有表情地给我换内裤，然后又把我放进木栅栏里。"关于能不能训斥孩子的问题呀……"

　　爸爸的话被打断了，门口有人敲门，是乡下的阿姨，她是来给我家送西红柿的。

　　"阿姨，您来得太是时候了，我正想问问您呢。""你要问什么呢？我就知道种田呀。"

　　"阿姨，您家有好几个孩子，是吧。""有5个呢，最小的和你家宝宝差不多，最大的已经是高中生了，每天都吵死了。"

　　"阿姨，您训斥孩子吗？"

　　"当然训斥了，你好好说他，他不听呀，每天都训他们。"

　　"您训他们了，他们就听话了吗？"

　　"什么样的孩子都有，有的孩子你稍微一说就听话，有的孩子你怎么训斥都当做没听见，小孩子的性格是不一样的。"

　　"你怎么训他都不听话的时候，怎么办？"

　　"那太生气了，就动手打了，比啰啰嗦嗦管用得快多了，这招儿在孩子小的时候还行，但也有失败的时候，我们家上二年级的孩子在学校里打同学，被老师轰出来了。孩子他爸也不听孩子说明原因动手就打，可静下来一想，就是因为在家不听话总打这孩子，他才在学校模仿着打周围的同学呢……哎呀，我说了这么多了，我还得给旁边的人家送菜呢。"

种田的阿姨说完，留下了一堆西红柿就走了。

"咱家的宝宝也是属于光训斥不起作用的那一类吗？"

爸爸没有回应妈妈的话。批评了训斥了没有任何作用的问题，爸爸和妈妈为了这个没有任何作用的事儿操着心。作为爸爸，他一定不会这么简单地接受这个宿命的。

最近呢，我越来越活跃了，我在家捣乱的事儿也越来越多了。而爸爸妈妈在为"批评与不批评"犹豫着。犹豫就说明还是可以让步的，但是可以让步到什么程度呢？我尝试着一边观察他们的脸色，一边干坏事儿来判断他们可以容忍的程度。

可以批评吗（二）——
不要间隔很长时间

今天我比平时起得早，爸爸妈妈还都在睡着，我环顾四周想找点儿有意思的事儿做。嘿嘿，爸爸的上衣脱完就丢在旁边了哟。昨天晚上爸爸回来得很晚。他每次回来晚的时候会给我带好吃的，我特别期待等他回家，但是由于昨晚我太困了就不知不觉睡着了。

爸爸总是从上衣的口袋里拿好吃的给我。说不定现在就在口袋里装着呢。我翻着上衣的兜兜，嘿嘿，我拿出了爸爸的香烟盒。银色的、亮亮的小盒子，爸爸总是用一只手"啪"就打开了，他到底怎么打开的呢？

我拿着盒子摸来摸去就是开不开。对了，妈妈开罐头用的工具在厨房的抽屉里，我能够得着。

到了厨房，我踮起脚尖终于打开了那个抽屉，开罐头的工具都在里面。嗯……妈妈是怎么用的了，嗨！太麻烦了，我就用这个使劲儿敲。在我敲的过程中，香烟盒子变得坑坑洼洼的了，最后终于让我给敲打开了。盒子里面是香烟，香烟一定特别好吃，爸爸每次嘬着它都特别陶醉嘛，香烟里面一定包着好吃的东西，也许包着糖呢。我把香烟纸一层层地剥开，咦？里面没有糖呀。

这个时候，一双热乎乎的手把我抱起来，是我妈妈，然后从我手里拿走香烟，什么都没有说。

我被放到了木栅栏里，妈妈递给我小卡车和图画书，我翻着图画书找狮子，我知道这书里面有狮子的，就在最后几页里。

爸爸妈妈好像在争论着什么，这个时候爸爸走过来了，然后把那个坑坑洼洼的香烟盒子放在我眼前。

"你看，你小子，把我的盒子弄成这样啦，这样不对！你要是再这样，就会这样！"

说着，爸爸突然把我举在空中，朝我的屁股上"啪"打了下去。疼！我"哇"大哭起来。比起疼，挨打这件事儿更让我懊恼。为什么呀？我什么都没干为什么打我呀？我不就是把香烟盒子打开了吗？爸爸不是每天都打开吗？而且现在我在看书呀，我正在看狮子呀，为什么要这么打我呢？！

妈妈就从来不打我，为什么爸爸要打我呢？而且完全没有打我的必要呀，他就随便打我了。

"不要爸爸，我讨厌爸爸。"

我不停地说着这句话，直到睡午觉时才停了下来。

可以批评吗（三）——
很自然地发生

午觉醒来，我发现妈妈没在身边。"哇"试着哭一下，如果妈妈在屋子里，排除万难也会到我身边的，如果没有呢，那就说明妈妈没在屋子里。没在的时候，我就是怎么哭也都没有用的。

我开始四处活动了，门口放着妈妈买菜用的筐，里面放着什么东西，是牛肉呀，生的也不能吃。筐里面还放着其他的东西，是叫做火柴的东西。卖牛肉的店总是额外送火柴。妈妈是怎么弄就能弄出火苗的呢？火苗能一闪一闪地窜动，仿佛有生命一样，非常有意思。

我打开了火柴的盒子，对了，就是拿火柴头那个红色的地方在火柴盒的侧面一蹭就能着火，妈妈在做这个动作的时候，我一直非常认真地看着了。我这样尝试了两三次，都没有成功，我又试了一次。

这个时候，我感觉到后面有人，就在我点着火的同时。"哎呀"！妈妈果真来啦。妈妈先从上面抓住我拿着火柴的手，然后抓住我另一只手的手掌接近那个火苗。"好烫"妈妈说。真的真的好烫，"好烫"我也哭喊出来了。然后妈妈拿走了火柴。火柴是烫的，我讨厌烫的东西，我再也不要火柴！

　　妈妈什么都没说就开始忙活厨房的事儿了，我便坐在木栅栏里看图画书。

　　傍晚的时候，妈妈拿着火柴对我说："把这个给宝宝吧。""我不要火柴。"妈妈没有给我火柴，反而给了我最喜欢的咸饼干。

　　当天晚上，渐渐困了的我被抱进被窝里，爸爸对妈妈说："今天我揍了他，后来他怎么样？"

　　"没用，完全没有用，他根本不认为自己弄坏了香烟盒子，只是心里恨你呢。"

　　"但是，他做了错事，就要让他尝点儿苦头，这样才能记住。"

　　"惩罚的时间不能间隔长了呀。他午觉醒来趁我不在的时候，用火柴点火，多危险呀！我在他刚点着火的时候，用火烫了一下他的手，然后他就开始嚷嚷不要火柴了。这样，自然地惩罚让他记住了，而且他还不会怨恨。"

睡觉着凉（一）——
夜里滚来滚去

傍晚，我和妈妈在去菜市场回家的路上，遇到了家具店的叫做小正的宝宝，小正坐在婴儿车里，他奶奶推着他。我们这片儿，基本上就没有奶奶级的人物。小正总是非常自豪地跟我们炫耀他奶奶的牙可以从嘴里拿出来刷。

小正的自信也只是限于在他家里的时候，他一出来和我们玩，就成胆小鬼了，只要他觉得受委屈，就哭喊着跑回家叫奶奶。然后，他奶奶就一定会出来找我们。

"别欺负我们家小正啊，在一起好好玩啊。"

小正的奶奶要一个一个抓住我们每个人，然后把这句话说给每个人听。其实，我们根本一点儿都没有欺负小正，弄得跟我们总捉弄他似的，非常麻烦。在我们看来小正就是胆小鬼，我们都不想跟他玩。

妈妈发现坐在婴儿车里的小正，抽抽搭搭地哭着，就询问道：

"小正，你这是怎么了呀？"

只要是小正的奶奶，这片儿的妈妈就没有不认识她的，别人一和她搭话，她就非常高兴。

"我们刚刚从诊所打针回来，说是夜里睡觉着凉了。"

"那可别耽误了呀，发着烧呢吗？"

"还没有发烧，有点儿流鼻涕。他每天晚上睡觉都滚来滚去，我一晚上要起来七八次给他盖被子，没想到还是做得不够，早上我发现小正什么也没穿就趴在榻榻米上睡呢。"

"我们家也是这样呀。"

"必须要用心呀，尽量给他盖被子呀。"我们和小正他们道别后，在回家的路上，我看到妈妈一直不安的表情。

爸爸下班回来已经是吃晚饭的时间了。我们吃的是从菜市场买的香肠。我呢，最近这段时间已经厌倦了鱼呀、蛋呀的。如果是香肠给我多少都能吃掉，但是妈妈不怎么给我吃。

"那个，你认识开家具店的正先生吗？"妈妈问爸爸。

"认识呀，他夫人在百货店上班，非常漂亮。"

"你就只记得人家的夫人，我想说的是那家小正的奶奶，小正的奶奶一晚上起来七八次给小正盖被子，太感动了，连我都自叹不如呀。"

"小正的奶奶一定是患有老年失眠症。"

睡觉着凉（二）——
穿什么衣服睡觉

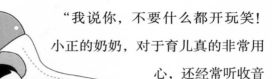

"我说你，不要什么都开玩笑！小正的奶奶，对于育儿真的非常用心，还经常听收音机里的育儿节目呢。"

"她这叫做'孩奴'。"

"你还真记得'孩奴'这个词儿，被称为'孩奴'的人一定是在育儿方面花费很多精力的人，像你这样不关心小孩子的人，连说出这个词的资格都没有！小正的奶奶非常了不起，一晚上起来七八次给小正盖被子，我真的自叹不如，我也就能起来两三次而已。"

妈妈仿佛被小正奶奶的精神完全征服了。

"即使宝宝夜里滚来滚去也没关系，给宝宝多穿点儿衣服不就行了，这么厚的被子，也确实盖不住了。"

"也想过给宝宝多穿点儿衣服睡觉。但是一多穿，他觉得热就更会滚来滚去的，再说穿得多出汗也多啊。"

"你现在给宝宝穿多少？"

"就穿毛巾质地的睡衣呢。"

"这样不就挺好嘛。"

"但晚上我醒来一看，宝宝已经从褥子上滚到榻榻米上趴着睡了。"

"孩他妈，贴身趴在榻榻米上睡觉特别舒服哟，从热烘烘的被褥里滚到榻榻米上，就跟获得重生似的舒服哟。"

"说点儿真的，这个小区的房子要是有自动调节温度的中央空调就好了，这样一年不变地盖一层被子睡觉多好。"

"是吗？我可不这么想，温度还是要时常变化的好，我们公司总部就有中央空调，倒是非常凉快，就是一天下来人感觉非常不舒服。反而在分公司的破屋子里，热一会儿，凉一会儿，温度有变化的好。社会文明也是一样的，越是温度变化频繁的温带地区，社会文明越发达，也是这个原因吧。"

"这都是些什么怪理论呀，不说那么多了，就说宝宝怎么办？那个小正宝宝一晚上盖了七八次被子还是着凉了呢。"

"我觉得啊，在一定程度上也要锻炼一下宝宝。不盖被子就不盖了吧，我们能醒着看着他的时候，给他穿睡衣，然后盖个薄薄的毛巾被，他一踢开被子就再给他盖上。晚上我们睡下的时候，给他肚子那儿裹上毛巾并用绳子绑上，这样，宝宝随便滚也不会出问题了。"

睡觉着凉（三）——
原来是口腔炎

第二天早上，我的脑袋特别沉，怎么都不想起床。

"哎呀，发烧了！"

妈妈把手放在我的额头上说着。

"啊？真的？宝宝你太坏了啊，爸爸的公司一有宴会，你就肯定出点儿什么事情。"

这时，妈妈说："公司的宴会就别说啦，他昨天夜里肯定是睡觉着凉了，让宝宝随便滚来滚去的是你。看来还是要夜里起来几次给宝宝盖被子，再也不相信你说什么'孩奴'的鬼话了。"

"是吗？也别这么轻易说是着凉了呀，到底是怎么了？还是要去诊所检查一下，真没有办法。"

妈妈给我奶喝，我不怎么想喝，只喝了一半就推给妈妈了。妈妈等到诊所开门就带我去了。

诊所里的医生不像以前那样爱用什么注射疗法了。主要是因为我们这里要求不给宝宝打针的妈妈增加了，还有就是打着不需要打针就能治疗宣传口号的一个女医生，在地铁站前开了小儿科门诊，非常受欢迎。所以，我们这个诊所在营业政策上做了改革，开始推行不打针的治疗方法。诊所给我的诊断结果也是睡觉着凉了。

　　"在头上放冰枕冷敷。"医生是这么嘱咐的。一回到家妈妈就给我用冰枕。但是我从来没有用过这个，而且我的头稍微一动，冰枕也"咕噜咕噜"地动，非常不安稳，很讨厌。妈妈在我旁边说睡觉吧，这样，我就勉强躺在她身边。

　　"冰枕，真的非常舒服哟。"妈妈说着，把我摘掉的冰枕放在她的头上给我做示范。妈妈看上去还真的是非常舒服，不知不觉我就睡着了。等我醒了以后，我就起来玩电动火车了。

　　到了晚上，爸爸回来了，他只参加了一半宴会。爸爸给我带的好吃的是糖。我把糖刚放在嘴里，嗓子就剧痛起来，嗓子里一定是长了什么东西，我又没有办法告诉爸爸妈妈。

　　"为什么小孩子肚子着凉会发烧呢？到现在为止，这种情况发生过好几次了，为什么只有早上发烧呢？"

　　爸爸对我的发烧看上去相当不理解，爸爸的疑问在第二天得到了证明。诊所的医生看了我的嗓子说：

　　"啊，这个是口腔炎，你看，上颚的里面有白色的东西，这是病毒引起的一种传染病。"

睡觉着凉（四）——
病毒引起的疾病

到了傍晚，我发烧变得严重了。头很疼，因为嗓子和舌头一碰就疼，根本就一点儿也不想吃饭。只能喝点儿凉牛奶。而且还流口水、嘴里有味道。妈妈非常担心就给诊所打了电话。过了一会儿，诊所的大夫就上门来了。

"烧得特别高，有 39 度呢。"

"发烧呢，如果是口腔炎就肯定要发烧，这个没有办法，即使我来了，因为最近大家联合抵制注射治疗，所以我也没有办法了，给嗓子涂点儿药吧。"

那个涂嗓子的药特别苦，我出于自卫就大声哭喊着从被窝里逃了出来。

"那我们什么也不涂了，来，宝宝，我们看看图画书里有什么，你打开看看呀。"

嗓子涂药这件事儿就这么容易放弃了，看来是可涂可不涂的喽。妈妈把我按住了，医生在我胸前用听诊器听了 3 下，然后对我妈妈说：

"不是肺炎，像现在这样炎热的天气，这么壮实的孩子，肯定不是肺炎。"

这个时候，我家的门猛地被打开了，是我爸爸回来了，他非常不安地看着我们。

"不用过分担心，就是口腔炎。"

看到爸爸焦急的样子，医生忙安慰他，我爸爸这才擦了一把汗。

"我一回来，就看到诊所的车停在家门口，心里就咯噔了一下。"

"那真不好意思，我本来没打算来，但是夫人给我打电话说宝宝高烧不退，是不是肺炎呀，我就来了。"

"麻烦您了，就是比别人要多虑，我以为就是一晚上没起来给宝宝盖被子，他睡觉就着凉了。接着爸爸又问医生，口腔炎是一种传染病吧。"

"是的，是病毒引起的传染病。"

"不管夜里起来几次给孩子盖被子，要传染还是会传染的，是吧。"

"嗯，可以这么说吧。"

"因为着凉而生病，这个是胡说吧？"

"这个我不好说，睡觉着凉也不全都是疱疹病毒引起的，有许多病毒，像柯萨奇病毒 B 型（引起浆液型脑膜炎的病毒）接种到动物身上，动物受冷后就发病了。"

"这么说，一晚上不给宝宝盖被子还是不对的。"

"也不是，有的时候真是防不胜防呀，有个妈妈晚上一睁眼，看见儿子在褥子上要滚了，一摸他的小手是凉的，赶紧就把被子给他披好了，但早上宝宝还是发烧了。"

早期教育（一）——
读书的孩子

　　非常少见的，爸爸妈妈带着我到别人家做客。爸爸妈妈的结婚纪念日正好是周日，所以去问候他们的介绍人佐佐木先生。

　　佐佐木先生辞去了非常重要的职务，每天和他的两个孙子在一起玩。一个是上4年级的姐姐，另一个是比我小两个月的卡兹亚弟弟。那个姐姐想要跟我玩就来到了我的身旁，刚想对我搭话，卡兹亚就追过来用手按住姐姐的嘴巴，"不要说，不要说"。

　　等了一会儿，佐佐木爷爷拿来了玩具电车递给我玩。

　　"这个是卡兹亚的呀！"

　　卡兹亚想夺过去，我就是不放手，他就咚咚地打我的头，我有点儿害怕，瞬间手一放松，玩具电车就被夺走了。因为在别人家还是要自重的，我就没有哭出来，但我觉得特别没有意思，我就退回到妈妈的膝盖上坐着去了。

　　"宝宝，别跟他生气啊。"

　　佐佐木爷爷说着，然后又转向卡兹亚了。

　　"卡兹亚，不要打架，咱们给客人读书好不好。"

佐佐木爷爷的话还没有说完，卡兹亚就跑到书柜上把图画书取了下来。

书的封面上画的是虫子，卡兹亚把书放到了佐佐木爷爷的面前，爷爷翻开了封面，上面画的是蝴蝶，爷爷问："这是什么虫子？"

卡兹亚很有气势地回答："蝴蝶。"

爷爷满意地笑着。

"蝴蝶的儿歌是怎么唱的？"

卡兹亚站起来，边扭边唱："蝴蝶，蝴蝶，停在油菜花上……"

佐佐木爷爷晃着头、拍着手、打着拍子，连胡子都一起动着。

"唱得真棒，唱得真棒，那么下一个是什么虫子呢？"

佐佐木爷爷又一次翻书，这个是我不认识的虫子了。

"嘎虫"

"不是嘎虫，是甲虫，重复一遍，甲虫。"

"嘎虫。"

"不对不对，甲——虫——。"

我也不知道怎么回事儿就困啊困啊的，然后我蜷在妈妈的怀里睡着了。

早期教育（二）——
期望高的父母的问题

　　在佐佐木先生的家里，我们连一个小时都没有待住，妈妈就以我睡着了的理由从他家出来。幸运的是电车还没有到非常拥挤的时间段，我站在爸爸妈妈座位之间面朝窗口眺望外面的风景。

　　"那个。"妈妈跟爸爸说。

　　"教小孩子学习那么多东西，我想到底好不好呢？"

　　"嗯……"

　　"但是，佐佐木先生看上去还是很得意的。"

　　"嗯……"

　　"你，到底有没有听我说话，不管我说什么，你都嗯嗯嗯的，你是不是犯困呢？你困着还能跟人对话。别人很认真地跟你讨论问题呢，算了算了。"

"我在听呀，我刚才想起以前的事儿了，是我小时候的事儿。在我 3 岁生日的时候，我爸爸给我买了《原色动物图谱》，刚开始是临摹画。有各种鱼的临摹画，如鲷鱼呀、比目鱼呀，临摹着玩着，我就记住了 50 种鱼的图画。我爸爸特别高兴，他都觉得我能从事生物学了。之后，他又买了 1000 多页的动物图谱送给我做生日礼物。那个时候要 25 元，是我爸爸一个月工资的四分之一。那个图谱上的鱼类呀、哺乳类呀，不到两个月的时间我都记住了。虽然不认识字，但是指着图画我就能说出动物的名字，据说我还要求妈妈教我。我爸爸更是非常高兴。也许是非常愚蠢的往事吧，现在到底怎么样呢？比如鱼类，我就只认识鲷鱼呀、比目鱼，这话要是被我妈妈说，我真挺生气的，我觉得她把我当做玩具了。我刚才就在回忆这件事儿。"

"你说把你当做玩具，这话有点儿过分了，你爸爸的眼力有些问题吧。"

"所以呀，我就在想，我爸爸也挺可怜的啊，必须要对这样一个 3 岁孩子有那么高的期望，是因为丧失了其他的希望，那时正是上世纪 30 年代，战争最残酷的年代。"

"这么说来，对孩子抱有那么高的期望的，是因为父母的不幸了。"

"可以这么说吧，比如佐佐木先生，如果他不辞去那么重要的工作，仍然活跃在工作岗位上，就不会那么想让孙子学唱歌、跳舞了。"

早期教育（三）——
爸妈幻想曲

下了电车急匆匆地赶巴士，正好走了一辆公交车。只能等着下一辆车了。从对面来了一个跟我差不多大的女孩子，和妈妈一边唱着歌一边走过来。小女孩大声唱，妈妈小声和："从无名的远方小岛漂泊来的一个椰子……"哦，是椰子之歌，我妈妈在晾衣服的时候也会唱。但是这两位唱得比她好。小女孩和她的妈妈拉着手，随着节拍打着节奏，从我身旁走过。"不错啊，那个小孩。"两个人刚走了以后，妈妈回来了。妈妈也教过我几首歌，还要我记住，但我总是记不住。妈妈也还记得吧。"母子合唱啊，太羡慕了，这样的人生多光明啊。"

"像我这样五音不全的人，人生也不一定就不光明啊，但小学是最困难的时候。"

"我不想对你的事说什么，现在的孩子应该接受早期教育。无论多早开始早期教育，总比教晚了好。总觉得如果孩子有了接受的能力，早点儿教更好。"

"是啊，大人怎么才能较早地发现孩子的天赋，不耽误孩子是个大问题。"

"想起来了，小区的菜市场有个卖鱼的人，家里有个4年级的女孩子，明天参加电视台歌唱选秀，她妈妈特别高兴，要让她做歌手。她每周3次雷打不动去学歌谣。"

"要去做明星吗？现在有很多啊。公司里也有让自己的孩子学小提琴的。那个孩子很可怜啊，练琴也没法跟朋友玩，手指也粗了，棒球也打不了。父母的期望操纵了孩子啊。"

"一定有判定孩子早期是否有才能的测试，根据这种测试决定对孩子进行早期教育就好了。"

"这个我不赞成，不应该把谁都培养成为天才，平凡的人通过劳动得到幸福的生活不是也很好吗？"

我轻轻地离开了爸爸。车站的铁索总是黑色的，为什么今天是红色的？摸摸看，涂着漆。我的手和衣服都染红了。爸爸跑过来抓住了我。"你真是个天才啊，在做这些事方面。"

朋友 (一) ——
第一次玩的日子

　　小淳一个人来了。

　　我和妈妈在一起的时候，经常是自己玩玩具，那样我很快就烦了。本以为妈妈看到了会跟我一起玩，但她总是教我"你好、谢谢、承蒙款待、再见"这些词语的发音练习。

　　自从小淳来了以后一切都变了。最初小淳抢我的玩具电车的时候，我说讨厌。小淳好像没事似的。我看着妈妈又说了一次讨厌。妈妈也好像没事似的缝着衣服。小淳把玩具火车和小卡车用绳子连起来，一推火车，小卡车也跟着跑。我还真不知道会这样。我就把玩具消防车给了小淳。小淳看了看说："把它当工程车吧。工程车总是撞车，把小火车推过来吧。我是工程车。"

　　我按照小淳的命令，把连接的小火车一推，嘴里叫着嘎达、嘎达、嘎达，小淳把那个消防车从对面一推，撞上了小火车的侧面。

　　于是，小淳模仿播音员，学着大人说话的样子。"现在广播临时新闻，工程车司机疲劳驾驶，撞上了火车。"然后小淳又恢复了原来的样子。"砸了这个坏工程车。"

用积木梆梆砸车，我也跟着砸。从来没这么好玩过。妈妈以前怎么没有和我这样玩过呢？我每次扔积木的时候，妈妈都会发怒。小淳还对工程车做了说明。"妈妈说了，工程车的司机很困啊，闭着眼睛，下次我也闭着眼睛推车，你再把火车推过来。"

"已经撞车很多次了，工程车司机也睁开眼睛吃点东西吧。"妈妈说着拿过来一盘饼干。

小淳回去以后，我饿了。平时我吃饭就三口、四口，这次吃了一整碗。夜里睡觉也没闹，不到一小时就困了。妈妈把快睡着的我抱进了被窝里。"明天还和小淳玩吧，你还是需要小朋友啊。"

朋友（二）——
心理健康问题

我早上起来想去外面和小淳玩。小淳的一切都那么了不起。我用旧的玩具经过他的手一摸简直就成了新的。我推门的声音吵醒了爸爸。

"小子，这么早干什么去？"

"去小淳那儿。"

"小淳家还在睡觉呢。小淳的爸爸睡懒觉是出了名的。"

妈妈从厨房里探出头说："你别乱说，孩子去人家玩要是这么说还是给咱们添麻烦。"

"没事，现在他一个人还去不了。"

"那是你小看了他，他已经可以和小朋友玩了，那个小朋友就是小淳。"

"自己什么都能做的孩子为什么非要和那个孩子玩呢？"

"两人经常一起玩啊，我也很奇怪这么任性、不让人的孩子怎么会呢。不过，昨天小淳来的时候，我装着不知道在旁边看着。最初小淳抢玩具的时候，他也很不满，但谁也没有说什么，小淳做了有趣的事，他也好像明白了，这种事我们还是不干预的好。"

"夫人的智谋和小淳的手腕是我所不及的啊。看似小事，但在别人心里可不一定是小事啊。"

"是啊，我们说的他照着做了还不情愿。但我昨天也想，他还这么小谁会跟他玩呢？太可怜了。但是小淳来的时候他高兴得不得了，眼睛都放光。"

"晚饭不是也吃得很香吗？"

"对啊，也可能是玩累了，他认为生活是简单的重复吧。每天吃饭都花一个小时，一定是厌烦了。每天都和我一起生活也太单调了。"

"是啊，单调的生活是不行的。我经常在下班回家的时候，偶尔去喝一杯也是为了防止生活单调。这是心理健康的作法。"

"是吗？你不知道的时候我去购物，然后，把账单给你，这也是防止生活单调的好方法吧。"

朋友（三）——
打架

　　早晨，妈妈和我把爸爸送到公共汽车上就往家走，到了小淳的家门口。我看见小淳蹲着好像在玩什么。洗衣机的盖子上面有水，还有两只小蟹。我让妈妈看，平时妈妈会很快把我拉回家，可今天是怎么了？妈妈和小淳说话了。

　　"小淳，给我们看看小蟹吧。宝宝，你先在这里玩一会儿，好吗？一会儿妈妈来接你一起回家。别跑远了啊。"

　　妈妈说完就离开了。我就跟小淳玩了起来。小淳也不看我，他右手抓小蟹，左手还按着一只，最后还是抓住了。他把两只蟹并排放在一起，从盖子的这边一直比赛看谁先游到对面。小淳放开了两手，但谁也没有动。

过了一会儿，小的那只蟹先跑了。这时，小淳开始广播了。

"开始游了，拼命地游，还有 3 米，还有 2 米。"

可是，小蟹中途停下了。小淳把手伸进水里，抓住它。使劲向着对面一推，"嘣"撞上了。"第一名是第 6 道，山中君。"

不知不觉，小武从我旁边走过来。小武也是住在这附近的，年龄在我和小淳之间。

"嘿，你抓住那个大的蟹了！"小淳命令小武。小武和小淳以前就在一起玩，小淳说的话他都照办，小武马上抓住了那个大的蟹。他从后面抓住的，也不怕蟹钳子。

"那就再来比赛一次吧。"

按着小淳的命令，小武也把蟹跟小淳的摆在一起。

"起来，笨蛋。"我刚刚躲开，小武挤过来踩了我的脚。真的很过分。我一边自卫一边打了他的后背。我一伸手没想到正打在他松软的小脸蛋上。

"哇。"小武哭了。小淳站那看着我们。看着小武哭，我也有点儿伤心，但事情不是这么就完了。

打架（一）——
父母的理解必不可少

晚上，爸爸也回家了。妈妈给我洗完澡以后，又给我剪指甲。爸爸一边抽烟一边自言自语。

"孩子需要朋友，有朋友就会打架，打架就会伤人，是该和朋友一起玩呢？还是不和朋友玩呢？"

"你长篇大论说得倒是轻松，不解决问题啊。"

"小武的妈妈威胁的态度很厉害吗？"

"那倒也不是，都已经这样了，她带小武来的时候我想该怎么办呢？小武的眼睛下面到嘴巴肿了一道，我就像平常那样道了个歉。"

"那你批评宝宝了吗？"

"已经过了这么久，批评也没有用了。要是当时我也在场，打一下他的手心教训一下也可以。说什么都晚了，只好让宝宝当面跟小武道歉。"

"宝宝，你道歉了吗？"

"你这孩子不知道如何道歉。低着头先说对不起，而后说你好。就是因为我忘了剪指甲这事，真的不能就这样算了，这如何是好啊？"

"他玩的时候你都跟在后面吧。"

"我也想了。聪明的父母应该这样做吗？孩子和其他小朋友在一起玩的时候，如果家长在旁边，那么其他的孩子不会跟他玩的。孩子不如意就会向家长求助。这不叫和小朋友一起玩，孩子们感觉不到自由是玩不高兴的。要让孩子自由地玩，家长就应该知趣地离开。即使是打架了，哭了，为了孩子着想也要忍耐。"

我把小火车从妈妈的膝盖上滑下来，被爸爸的脚挡住了。

"起来，笨蛋。"我从小武那里学来的这句话让爸爸很吃惊。

"嘿，不能这么说话啊。"

爸爸说的同时妈妈也开口说："应该说请让一下。"

简单的两个词就让爸爸妈妈这么大惊小怪。看来这是个很有效的语言，那就从现在开始使用吧。

打架（二）——
爷爷登场

　　今天去小奥家玩。小淳和小武也一起去。小奥家的房子有天台，特别大。屋里有很多家具，闪闪发光。小奥的爸爸上下班不坐公共汽车，每天都有专车接送。他们家在京都又新建了一处房子，据说建好了就要搬家。

　　小奥的妈妈非常严厉。经常说这样的坏孩子不是我家的，然后把小奥关在门外哭。开始我们玩积木，很快就烦了。小淳跟小奥说："把你的电动火车拿来吧，带上轨道。"

　　小奥去了里屋求妈妈。我听到他妈妈说："不行。那是很重要的生日礼物，弄坏了可不行。"小奥很不高兴地回来了，说："不行。"

　　小淳的脸有点可怕："好吧，那我们就别玩了。"

　　在里屋休息的小奥的爷爷出来了。他爷爷是个圆圆的胖子。"在和谁这么说话？你们都回去吧。小奥，你不许去外面。"

　　小淳站起来，我们准备要回去了。小奥的爷爷对小奥的妈妈说："这些小孩子都不是好孩子。这么玩可不行。抱团威胁别人，思想很坏。现在年轻的父母对孩子不进行品德教育，对孩子太溺爱了，什么都顺着孩子。这样教孩子是不行的。要讲育儿的话，首先要树立家长的权威性，而不要事事都对孩子讲民主，否则，孩子不会有良好的品行。

我一般是跟在其他人后面的。小淳先跑了。我一边叫着他一边追着。直到小淳家门口才追上他。小淳见到了他妈妈和我妈妈。

"小淳，怎么了？你们跑什么呢？你们又做什么坏事了吗？"小淳的妈妈问。

小武先回答了："小奥的爷爷发脾气了。说我们不是好孩子。"

小淳也不服气地说："说我们的父母没权力（威）。"

家长权威——
现代家庭也要有

这天夜里，妈妈和爸爸说起了白天的事情。

"哎，我倒是理解为什么那个家里有阳台的爷爷看我们的孩子都是小坏蛋。但是说父母没权力是什么意思呢？是不是这些孩子传话传错了。"

"啊，明白了，不是权力是权威。那个爷爷是说这样教育孩子是有问题的。

门铃响了，这么晚了会是谁呢？是小淳的爸爸。他拿着周刊杂志和铅笔。小淳的爸爸和我爸爸是一个中学的，他比我爸爸高两级，他们俩的关系很好。

"是我，有答案了，是三十木啊。这么生僻的词还真不容易想出来。"

他和我爸爸坐一辆电车回家，在车上他们做杂志里面的猜字游戏，怎么也猜不到，这是他有答案后又来我家炫耀呢。爸爸听了只是嗯、嗯地点头，小淳的爸爸有些待不住了，好像要开什么重要会议似的。我赶快回避了。

爸爸停了停说道："还没开始呢，你没听你老婆说吗？孩子们去小奥家里玩，他那个爷爷追出来的事。"

"听说了，听说了，说什么父母没有权威？"

"你明白是什么意思吗？师兄？权威是什么意思？"

"当然了，我猜字游戏得奖 3 次呢。"

妈妈抱着快要睡着的我出来了，对小淳的爸爸说："你怎么想啊？我们没有养孩子的资格吗？就因为那爷爷说我们没有权威？"

"我家也刚说过这事，过去认为教育要注意提高话语的权威性，我们家可没有那样做啊。说出来都有些不好意思，我们对孩子的教育就是让他尽孝道。"

妈妈说："我们家就注意提高话语的权威性。比如做征兵检查的宣传时，对外不能说去杀别国的人，而是说保卫国家。"

"你夫人越来越强硬了。"

"是啊，以前女人强硬的家庭，说话就比较威严。没想过还能促进孩子的教育。道德的事是要靠自己努力的。以前的日本人是没有自己的生活的。因此，人们对自己的生活不在意，也不感到有责任。我对生活很在意，非常在意。如果一个人不能维持，就要靠大家共同努力。"

流鼻血（一）——
白血病

"啊，宝宝怎么了？你也起来吧，宝宝不对啊。"

妈妈发慌地叫着，我也醒了。爸爸也起来了，看着我的脸，爸爸困倦的脸立刻严肃起来。

"这是怎么回事？怎么流血了？是不是碰到哪了？"妈妈和爸爸都很吃惊，但我什么也不知道，好像是关于我的事。

"不是破了，是鼻血。右边的鼻孔还在流血。"真的是血，衬衣和睡衣都弄脏了。爸爸立刻捏着我的鼻子，我很难受，坐在爸爸的膝盖上。

"你那么做能止住血吗？用棉花塞住怎么样？"

"不用，就这样。鼻血最好用手捏住。我上高中的时候踢球，经常撞伤流鼻血。那时候，我经常这样做。不能让宝宝睡着了。"

"他不是被你撞破的吧。"

"怎么可能，别说没用的了，要让他的头降温。快用冰箱里的水投毛巾拿来。"

妈妈拿来了凉毛巾。她在放毛巾之前先用手试了试我的额头。

"好像不热啊。"

用毛巾降温了两分钟之后，爸爸放开了捏着我鼻子的手。已经不流血了。妈妈用棉花塞住我的鼻子。

"不是什么大不了的事，鼻血止住就行了。"

爸爸已经不在意了。他觉得这跟踢球时碰伤的鼻血似的。我也从凉毛巾下解放了，这方法还很管用啊。妈妈去准备早饭了。

准备好了早餐，大家准备吃的时候，外面有人叫门。妈妈去开门了，是隔壁的阿姨。

"咱们俩家门都一样，报纸是不是放错了，我想接着看连载小说。"

阿姨说着转眼看到了我，一见我的脸，说道："哎呀，宝宝怎么了？流鼻血了？"

爸爸说："是啊，谢谢关心，马上止血了，没事。"

"男的都对小孩子的病不太关心，其实流鼻血是可怕的事。我姐姐的第四个孩子经常流鼻血，气色一直不好，大学的时候发现是白血病。虽然给他使用了很多治疗办法，但是去年还是死了。"

爸爸和妈妈听到这些，脸都青了。

流鼻血（二）——
大部分人没事

"不是白血病吧。"医生正在诊断的时候，妈妈等不及了。

"你每次都是带着诊断来看病吗？或者你是在医疗相关行业工作？"

"不是啊，这是我的邻居告诉我的，她知道不少病名。"

"是有这样的人，说的跟内行一样，有这样的邻居，自然就要来诊所看病，难得啊难得。"

"你不觉得像白血病吗？"

"白血病可不是一般的病啊。不做血液检查是不能确诊的。脸色也很好，肝脏、脾脏也不肿大，其他地方也没出血，我觉得没事。如果你不放心就去查血。这么大的孩子直到上小学三四年级是经常流鼻血的。晚上他是不是吃巧克力和花生了？"

"是啊，晚上他吃了巧克力和花生。"

"是吧，一定是，那么上火的东西，宝宝吃了以后一定会流鼻血的。"

"为什么呢？"

"小孩子流鼻血是鼻子里面网状的血管扩张，破裂出血。上火的东西可以让血管扩张。"

"用吃什么药吗？"

"给你一些止血药。平时要多吃水果、蔬菜。"

"蔬菜不太爱吃，水果是经常吃的。也常给他喝维生素汁。"

"那么维生素 C 不缺了。以前由于缺乏维生素 C 常引起流鼻血、牙龈出血的坏血病。"

"那么，我们就把孩子鼻子出血的事放一放吧。"

"不能一概而论，小孩子流鼻血，如果其他地方没事放一放也没关系。"

"怎么能知道其他的地方也没事呢？"

"你不来怎么能知道呢。要是有什么别的症状看不到我就失职了。比如皮下出血是紫斑病，也有鼻子里面有异物的情况，鼻子的白喉也有可能。但是正确的方法是小孩子流鼻血可观察一段时间再说。"

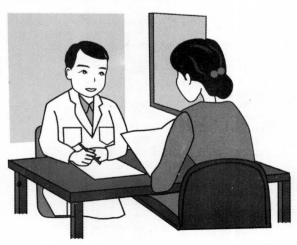

自己用小勺吃饭（一）——
不给机会

我已经两岁多了，妈妈还是不给我自己用勺子吃饭的机会，我虽然可以自己拿勺子，但用的还不好，总是会洒出来一些饭菜。我知道小区里有几个比我还大一点的孩子，也是由妈妈喂饭。不是因为我们笨手笨脚，而是因为大人不给我们训练的机会。这些都是孩奴的表现，妈妈们只关心营养学的理论，哪想过我们的食欲。这种脱离实际的作风从结婚前就有了，妈妈们现在脑子里只有育儿杂志中的食谱，做好了就让我们吃，我们的动作稍慢，她们就会拿起勺子亲自上阵了。

现代人越来越强的时间观念也是妈妈们不让我们练习用小勺吃饭的原因，从父母谈恋爱开始就学会了争分夺秒。结婚成了家庭主妇后更是将时间分割得如同时刻

表一样。妈妈们觉得我们小孩子吃饭时一会儿东张西望，一会儿吃勺子，一会儿敲盘子，这样太浪费时间了。要是再洒些饭菜，又要花时间收拾。在妈妈眼里看到的都是小孩子的麻烦，最后就忍不住出手去喂我了。

"我们的儿子还不会用小勺吃饭呢。"

早上，妈妈向爸爸打了个"小报告"，好像我做了什么坏事似的。

"这是因为你不给他做手指练习，以后让他练一练画画吧。"

爸爸信心满满地说道。在半年前，爸爸给我买回了蜡笔，但由于我有吃蜡笔的习惯，就又收回去了。这次爸爸又从壁橱里拿出了铅笔和白纸，对我说："小宝宝，来学画画吧，我来教你。"

爸爸在纸上画了一个飞机，他画的飞机太难看了，现在的喷气飞机多漂亮啊。

我得到了能画画的铅笔真是太高兴了。不一会儿，我也画了一个飞机，但爸妈肯定不知道那是喷气飞机，在他们看来那不过是几个线条而已。

睡完午觉，我从圆桌底下捡起铅笔，在我家的白墙上画起了喷气飞机的尾烟。妈妈从厨房里走出来，一把夺走了我的铅笔。

"不许在墙上乱写乱画。"

妈妈，我可不是乱写乱画，我画的飞机比爸爸画的好多了，那么小的白纸根本没法画，还是在墙上画更容易。

自己用小勺吃饭（二）——
我也学会了

自从上次我把小武抓哭后，小武再也不和我玩了，我和小淳成了好朋友，我每天都跟在小淳后面，他今天又带我去了他的好朋友小桃家里，并且还遇到了小桃的好朋友百合子。

我们几个人年纪都差不多，就玩起了过家家的游戏：小桃是妈妈，小淳是爸爸，我和百合子是孩子。

首先是做早饭的时间，小桃"妈妈"最忙了，小淳"爸爸"只知道看报纸。小桃先是给小淳端了一碗用橡皮泥做的饭，又把切碎的橡皮泥放到我和百合子的盘子里，每人还都配发了小勺。

"大家吃吧。"小桃"妈妈"刚说完，百合子就拿起勺子做出了吃饭的样子，我着急地说："妈妈喂。"小桃用轻蔑的眼神看看我说："勺子在你手里，自己吃。"

百合子一边自己假装吃，一边向小淳"爸爸"炫耀。

"百合子最聪明，可以自己吃。"

小淳模仿大人的声音说道："百合子真棒。"

我也只好挑战困难，自己拿起勺子"吃"了起来。

接着是玩晚上的"过家家"了。

小桃拿来两个坐垫，对大家说："到晚上了，该铺床睡觉了。"

小淳站了起来，把坐垫铺开，小桃看见了大声说："这个爸爸太奇怪了，怎么能做铺床的事呢。"

"在我家，爸爸也铺床。"小淳解释道。

"你爸爸也太奇怪了，是不是啊，百合子。"

百合子点了点头。小淳不甘示弱，他开始征求我的意见："她说得不对，在你家也是爸爸铺床吧。"

我家确实是这样，于是我点头表示同意。两派意见不统一，"过家家"游戏无法进行下去，我们就各自回家了。

我回到家正赶上吃午饭，我坐好后，发现今天妈妈做的是我爱吃的海带末拌米饭，我抢过妈妈伸过来的勺子，自己大口大口地吃了起来。妈妈看着我都有些惊呆了。

纽扣事件（一）——
妈妈的追问

　　妈妈在用缝纫机做衣服，我在地板上看汽车画本。汽车真是个好东西，只要坐上去，就可以去好玩的地方。以前不管是去京都看望奶奶，还是去动物园游玩都是坐汽车去的。

　　看了一会儿画本我就烦了，抬头一看，妈妈的脚底下放着一个纸口袋，我伸手一摸，里面有硬硬的东西，是什么呢？我看了一下里面，有几颗无色的纽扣，像水果糖一样，这个会不会也很甜呢，我用一只手接着，另一只手抖了一下纸口袋，就有一个纽扣落在我的手上，我再抖一下，没有东西出来了，我觉得一个也行，就放在嘴里尝尝味道吧。哎呀，太硬了，一点儿也不甜。

　　"拿过来。"

　　妈妈像一阵风一样从我手里把纸袋夺了过去，她马上开始检查袋子里的东西。

　　"你给弄哪里去了，快点儿拿出来，我买了 5 个，现在只剩下 3 个了。"

　　妈妈说话的声音太大了，我把嘴里的纽扣吐了出来交给了妈妈。

"还有一个在哪里？"

妈妈站了起来，用更大的声音说。妈妈为什么会发这么大的火呢。

"没有。"

我照实回答道。至少我手里确实没有纽扣了。妈妈到处找了找，并且还翻了翻我脚下她正在缝制的那条围裙，什么也没发现，妈妈的脸色突然变得焦急起来。

"小宝，你不会吃下去了吧。"

我还是用同样的话回复妈妈。

"没有。"

妈妈把手指伸到了我的嘴里，由于她摸得太深了，我"呃"的一声差点儿没吐出来。

"要是真吃了，就告诉妈妈，你说吃了吗？"

我被弄糊涂了，妈妈为什么要发火呢，是因为我说没吃下去吗？

"小宝，是吃了，还是没吃。"

妈妈又着急地追问道。即使我说没吃下去，妈妈也不会善罢甘休。

这样一来，我只好顺着妈妈的意思了。

"吃下去了。"

"你看看，还是被你吃下去了吧。"

妈妈来不及换衣服，用围裙遮挡了一下家居服，装好钱包，抱着我夺门而出。

纽扣事件（二）——拍X光片

妈妈抱着我赶到医院，连号也没挂，就直奔诊室。

正好碰上有一个医生从诊室出来，

"大夫，我儿子吃了个这样的纽扣，会不会有危险。"

医生从妈妈手上拿过纽扣反复看了看问道："确实吃下去了。"

"我买了5个，现在只有4个了，其中的一个还是从他嘴里抠出来的。"

"是你看见他从嘴里吃进去的吗？"

"我没看见他吃，但确实是少了一个。"

"以前有人来说是吃下去了，但实际没吃的病例也不少见啊。"

看到医生不相信自己，妈妈有些不高兴。

"吃了会有不好的表现吧，会不会堵在哪里？"

"这个东西的直径也就两毫米，是不会堵在食道里的，能通过食道，也就可以排泄出去。要是堵在气管里，就会很痛苦。孩子没有咳嗽和呕吐吧。"

"没有。但是我有些担心，要不就拍个X光片看看是不是在里面吧。"

"这个纽扣是合成树脂做的，X光线可以穿过，所以什么也看不到，如果吞一口钡剂，就可以通过缺损影来证明纽扣是否存在。

妈妈最终决定做X光线检查，拍片室光线很暗，那是为了让医生更清楚地读片。我用了十几分钟才适应了黑暗。我可以清楚地看见医生手中的香烟一明一暗地像警灯一样。医生对妈妈说了一些他经历的事情。

"小孩子什么都有可能吞下去。昨天有一个两岁的小孩吃了一张锡纸，结果洗胃的时候却发现吃的是一段香烟。其实不用管他也可以排出去。以前还有一个小孩子吃了一个曲别针，结果第二天就在大便里发现了曲别针，几公分长的曲别针也可以顺利地从肠道排出去，这都是顺其自然。像纽扣或圆球什么的吃到胃里是不用担心的。"

妈妈听了医生的话多少有些放心，这时她又开始考虑拍片的花费了，于是想确认一下钱包里的钱够不够，她伸手往围裙口袋里一摸，突然有了重大发现："哎呀，纽扣在这里，怎么会放在这里呢？"

海水浴（一）——
像个大浴缸

爸妈决定带我去海滨浴场避暑，一下公共汽车，就是柔软的沙滩了。我跟着大人又往前走了走，就看见很多穿着泳衣的人，不太清澈的海水在人群之间涌动着，妈妈指了指远处说道："小宝，知道这是什么吗？"

"大浴缸。"

"不对，这就是大海，从这里到远处都是水，都是很咸的海水。"

"宝宝说是大浴缸也没错，今天能和家人一起在蓝色的大海里游玩也是一件很浪漫的事。"

我们在更衣室换好泳衣，爸爸抱着我朝着大海跑去，嘴里还哼着他喜欢的曲子。

"唉哟"。爸爸突然停了下来，他踩到了一个空瓶子，我往沙滩上一看，大家乱扔的空瓶子还真不少，妈妈从后面追上来，关心地问："你没事吧。"

"还好，没有出血。"

受这件事的影响，我只能在浅水区玩玩海水了。妈妈找来一把大大的太阳伞，摆上毛巾和水壶，还不停地嘱咐爸爸："今天不是让你来海边游泳的，你和宝宝都不能在海水里待太长的时间，医生的话一定不要忘了，每次下海的时间不能超过5分钟。"

爸爸也学着医生的口吻，郑重地说道："饭后30分钟内不能下水，不做身体活动不能下水。"

爸爸拉着我做起了预备活动。妈妈准备好了游泳圈。

我套上游泳圈，一只手拉着爸爸，另一只手拉着妈妈，向大海走去。

刚接进海水，我就大声地叫了起来，"太凉了，不想去了。"

海水浴（二）——
中暑了

　　等我慢慢适应了海水的温度，也到了要回家的时间了。妈妈给我准备了好喝的白开水，我一口气喝了不少。

　　爸爸看到远处有淋浴，决定带我过去冲一冲，我看见洗淋浴的水管做得像一把大伞一样，管子上开了许多小孔，水从小孔里流出来，像淋雨一样。淋浴的人很多，水又少，爸爸说："这样的淋浴很难冲干净，不如回家再淋浴吧。"

　　妈妈拿出毛巾，我们擦干身体后，就开始换衣服了。刚换好，远处汽车站的喇叭就响了起来："末班车就要开了，请乘客抓紧时间上车。"

　　爸爸听见了，对妈妈说："我抱着宝宝，你拿着包，快跑吧。"

爸爸说着，抱着我以百米冲刺的速度向前跑去，妈妈紧跟在后面，总算没有误了末班车。但车上的人太多了，根本没有坐的地方。爸爸刚才跑得很急，身上出了好多汗。他抱着我，热得我也直冒汗，我感觉好像周围的人都把热量传给我似的，太难受了。即便后来换了电车，也是一样的拥挤。等换乘地铁后，妈妈有了座位，她刚把我从爸爸怀里接过去，就叫了起来："宝宝的身上好烫啊，一定是发烧了。"

　　爸爸听了皱起眉头，无奈地说："真没办法，我多干活也不落好。"

　　妈妈想说爸爸这是在逃避责任，但因周围人很多，妈妈没有说出来。

　　出了地铁站，正好有一家诊所，医生给我量了一下体温，39度，后来又仔细地给我做了体检，问道："你们在海边没有喝一些冰水或者吃点儿西瓜什么的吗？"

　　妈妈有些不好意思地说："只带了些饼干和白开水。"

　　医生听了，笑着说："应该不是霍乱或痢疾，大概是因为车厢里太热了，你的孩子中暑了。"

蛔虫（一）——
通过牵手传播

我午觉睡得很香，妈妈把我叫醒了，我睁开眼睛，妈妈笑容满面地端一杯牛奶，我已经不用奶瓶喝奶了，所以妈妈在杯子里插上了吸管。最近，我养成了睡午觉的习惯，要是在以前我白天爱睡多长时间就睡多长时间，但是现在妈妈总是要叫醒我，因为如果我白天睡得太长，晚上就会一直玩到 12 点才睡。

由于是被中途叫醒的，我的反应有些迟钝，而且还会表示出不满意，这是因为我还没有完全清醒。

妈妈为了给我补充能量，给我准备了凉牛奶，我的胃受到这种冷刺激后，也就有了动力。妈妈在第一次给我准备凉牛奶的时候也有些担心，但我喝了凉牛奶也没有什么不舒服，她也就不再犹豫了。

刚喝完牛奶，小淳的妈妈就进门了，吞吞吐吐地说："说点儿不好的事，你们可不要怪我。"

妈妈听了，表现出很担心的样子。

"你家的宝宝睡午觉时有没有说屁股发痒啊。"

小淳的妈妈还真说对了，我这几天睡觉不老实，有几次还哭了起来，直到昨天妈妈才知道是我的肛门口有些不舒服。

妈妈有些诧异地回答："你怎么知道的，难道是去你家玩的时候无意说的。"

"不是的，我家小淳一直都这样，昨天去了趟诊所才弄明白是肚子里有蛔虫了。"

"是做粪便化验才知道的吗？"

"不是，医生告诉我化验大便是看不到蛔虫的，要在肛门口用胶带粘一下，然后再转移到玻璃片上，在显微镜下看见虫卵就可以确诊了。"

"那你是怎么知道我的孩子也有这个病呢？"

"蛔虫病最容易在小孩之间传播了。一痒他就抓，他的小手被污染后就可以通过拉手传染给其他小孩子，很容易就随着食物进入体内。"

"这病真讨厌，是谁传给谁的呢，要是我先得的，那就太对不起了。"

蛔虫（一）

蛔虫（二）——
一起服用打蛔虫的药

　　妈妈认为只要吃洗干净的蔬菜就不会得蛔虫病，小淳妈妈的到来又更新了她的认识，原来小孩子之间手牵手也可以传染蛔虫病。

　　"小淳妈妈，你特意来告诉我们要检查一下蛔虫病，真是太感谢了。"

　　对于妈妈的鞠躬致谢，小淳的妈妈倒有些不好意思了。

　　"你说谢谢真是不敢当，其实我是来求你做一件事的。"

　　"求我做什么事。"

　　"如果你家的宝宝也查出有蛔虫，请你一定要让宝宝和我儿子一起服用打蛔虫的药？"

　　"要是有蛔虫，肯定要吃药，但为什么不能各自服药呢？"

　　"这是诊所的医生告诉我的，住得近的

几个家庭的小孩子最好一起服药，因为只有一个人打掉蛔虫是没用的，还会被别人传染上。"

"这么说就我们两家的孩子服药还不行，还要包括其他几个常在一起玩的小孩子。"

"是的，我最先来的就是你家。"

"那下面你还去谁家呢？"

"还有小武、小桃、沙由里，以及新搬来的小奥。"

"小奥，他妈妈就是那个戴红宝石戒指的女人吧。"

"是的。"

"我可不愿意跟她打交道。前几天，小奥来我家玩，我给他拿一块蛋糕。后来小奥的妈妈来我家，说她的孩子从来不吃人家的东西，希望我以后不要给他吃的了。家教有点儿太严了。"

"是的，前天，小孩子们都到我家来玩，小武不让小奥进我家，我教育小武不要那么任性，小武说上次去小奥家时，小奥的妈妈嫌小武的衣服太脏了，没让他进家玩。所以他才不让小奥来我家里玩的。但这次不一样了，为了孩子们的健康，我们一起去吧。"

"去了也不能直接问人家的孩子是否得了蛔虫病吧。"

"是的。但是如果告诉他我的孩子得了蛔虫病，小奥肯定会被关起来，怕被其他的孩子传染上吧。"

广播体操（一）——
老年会长

早晨6点半我就被吵醒了。

这已经是第三天被吵醒了，爸爸也被这种吵闹的声音影响的睡不着了。他有些不高兴地向妈妈问道："这是什么声音。"

"是小奥的爷爷拿着扩音喇叭在喊做广播体操的口令。"

"是小区的人都参加吗？"

"好像有两个邻居友情参加。这天也太热了，哪家不是过了晚上11点才睡觉，现在才6点多，谁起得来啊。那个老大爷也不想一想，据说他还在小区告示栏上写了告示，说是为了孩子的健康，请大家早起做广播体操。"

"还公开贴告示，有这样的道理吗？"

"还有呢，这老大爷是小区居委会的部门领导，居委会是前一段时间刚成立的，那天选举时只有老大爷一个男人在场，所以就选他做领导了。小区居委会也不是什么政治组织，就是管些预防免疫、通知转达之类的事情。

"小孩子是有早起的，但我们上班的大人可惨了。有许多人都会感到睡眠不足。"

"早起真的对小孩子的健康有好处吗？"

"小孩子要是睡眠不足更糟糕。现在社会发达了，小孩子也越睡越晚了。"

"现在我们住的这种钢筋混凝土的建筑太难散热了。小孩子想早睡也睡不着。那老大爷就不一样了。据说他几十年来都是早晨5点起床。他经常引以为自豪呢。"

"也不知道他哪来的那么大的精力。但肯定是睡眠不足，这些早起的人会因为睡眠不足而引起动脉硬化。早起导致动脉硬化，而得了动脉硬化后又会早起。这就是恶性循环。早起的人组成早起会，这肯定是那些有失眠症老人的联谊会。"

"那个老大爷是不是得了动脉硬化我们不知道。但他的意志坚定，居委会的一些事情都要听他的。前几天我们提议让政府给小区建个儿童保健所，这个老头坚决反对，说我们是集体上访。"

"你们这个居委会不代表老百姓的意志，还强制我们做不想做的事情，我看很像一个暂时的法西斯组织了。"

广播体操（二）——
影响不断

每天的广播体操给小区居民的生活带来许多不好的影响。大人们普遍睡眠不足，还发生一些意外的事情。

爸爸下班回家，在电车上睡着了，到了终点站才醒。

小桃的妈妈因睡眠不足出现注意力下降，在外面被小偷偷了钱包。小淳的妈妈买布料做裙子弄错了尺寸。

为了让居委会发起的晨练活动停下来，小桃和小淳的妈妈结伴去了派出所。

警察也没有办法，因为没有噪音检测报告，他们不能为了不让别人做广播体操而加以干涉。警察建议她们给上级部门写投诉信。

投诉信也寄出去了，大概只是被当做家庭妇女的小牢骚，最终又被转回居委会，落到小奥爷爷的手上。他又把这事写到了小区告示栏上。

"最近有人写匿名信反对小区的晨练，这种想法是不得人心的。广播体操是增强大众体质的最好方法，在大众的支持下经久不衰，一少部分人为了一己私利，影响国民健康法的实施，只有晨练才能改变这种极其危险的想法。"

我想小奥的爷爷还有提高小区妇女体质的想法吧。

　　小淳的妈妈晚上急匆匆地来到我家，她手里拿着一份告示，"我看了张贴的这东西，实在受不了了。"

　　她来找妈妈帮忙了。"这么晚打扰你，实在是因为我们也不知道怎么办了，请你一块儿讨论一下。"

　　妈妈把我托付给爸爸，和小淳的妈妈一块儿走了。

　　我和爸爸玩起了积木，两个小时以后，妈妈回来了。

　　"商量得怎么样？"爸爸问。

　　"我们决定成立母亲联合会，当然要全小区的妈妈都来参加，今晚成立的是我们 B 区母亲分会，行动计划都制定好了。"

母亲联合会（一）——
努力

听到妈妈们商量的结果是成立母亲联合会，爸爸有些失望。

"也就是你们这些女的，做什么都一阵风。"

"就是这样，成立这个组织没有规章是不行的。"

"你们都怎么了。"

"太有意思了。小奥爷爷的事已经不再是问题了。我们决定要做更有意义的事。"

"你们就是瞎忙，肯定是受到了小淳妈妈的鼓动。"

"不是这样的，我们因为不同意小淳妈妈的激进路线才产生了新的共识。"

"什么是激进路线。"

"就是以其人之道还治其人之身，让小奥的爷爷也尝尝睡眠不足的滋味。我们都是在下午两点小奥的爷爷睡午觉时收听妇女广播，每人拿一个收音机，声音开得大大的。这是小淳妈妈说的。"

"确实是够激进的。"

"但是有人提出要认真考虑一下，因为这次集会主要是为了孩子们的健康。我首先发表了意见，我从大家一起服打蛔虫的药说起，我们大家的生活已经紧密地联系在一起，即使你再聪明也有一个干不了的事情。比如治疗蛔虫病？大家都要一起服药。你上周末不就服了打蛔虫的药吗？大家都很赞同，我们达成了以下共识：孩子打架，大人不参与，为了让孩子吃好饭要组建公共食堂。"

"让孩子都去饭店吃饭吗？"

"哪能呢。我们可不像你们公司招待客户那样。只不过是各自在家做好一份饭，每天指定一家作为食堂，大家在一块儿吃饭。"

"好啊，这个主意不错。小孩子一块儿吃不用一个小时就可以吃完了。但是广播体操的事怎么办啊。"

"真是太巧了。小奥的妈妈也被我们请来参会了。她说小奥的爷爷今天完全没了精神，因为医生给他诊断为高血压，让他以后不要起得那么早了。"

母亲联合会（二）——
教养是什么

今天是小区"母亲联合会"成立的日子，妈妈们都在会所的三层开会，我们小孩子则在二层做游戏，还请了女子师范学校的实习生来照顾我们。成立大会开了足有两个小时，我看见小淳的妈妈热情洋溢地走了出来，妈妈也出来了，我们 B 区的孩子都被带走了。路上大人们还在议论不停。

"母亲联合会的会长是个音乐老师，真是太好了。"小淳的妈妈说。

"作为一个单亲母亲能把孩子送进大会真是很了不起。"我妈妈也有同感。

但是小淳的妈妈又有些想法："这个女人是了不起，3个孩子都考上了大学，但是和我们现在的集会目的似乎有些不合拍。"

小桃的妈妈表示赞同，"要是都认为只有英雄母亲才能教育出好孩子就不对了，我们都是普通人，听了感觉不对劲。"

小淳的妈妈接着说道："这些中年妇女都强调孩子的教养，值得我们这些年轻的妈妈们学习啊……"

从东京来到京都——
妈妈和奶奶

"你这个媳妇可真不简单。"

奶奶经常会在她一个人面对爸爸时说这样一句话，我听了几次才隐约地感到这是在说我妈妈，我渐渐地明白这句话不是在表扬妈妈，实际是说妈妈还不如一个普通的人。

人与人之间的关系真是太复杂了，同样一句话可以有很多不同的意思，对我这个才开始学习大人说话的小孩子来说，增加了很大的难度。

让我觉得最不可思议的是奶奶对妈妈的称呼，如果是叫"宝宝妈"，那就说明情绪很好，如果情绪不好就会叫"孩儿他妈"。要是直接叫"美奈子"这个名字，那就说明奶奶生气了。这样的内容足足让我学了半个月以上才明白。

最近这段时间，我生活的这个小家庭发生了很大的变化。

美美姐的爸爸因为要去东京工作一段时间，正好美美姐的姥姥家也在东京，他们决定全家都搬过去，但是我奶奶不喜欢东京，只想一个人留在京都。由于我爸爸是奶奶的第二个孩子，所以只好到京都来陪伴奶奶，这样我和妈妈也跟着过来了。刚过来时，我每天都要吵着说："回家，回家。"妈妈就把搬家来京都的原因全部跟我说了。

我以前也来过几趟京都，但这次真的长时间居住下来时，却发现京都的家与东京的家完全不同。

首先是家里的气氛变了，妈妈和爸爸的说话方式和以前不一样了。以前就像两个朋友一样说话，现在说话都谨小慎微的了。原来吃饭时如果妈妈想让爸爸帮忙拿一把勺子，只要用眼神或手指示意一下，爸爸就会给拿过来。

现在就不一样了，而是要说："请帮忙把刀子拿过来好吗。"

而且绝对不敢让奶奶帮忙拿。爸爸不在时，妈妈会自己走过去拿。奶奶是那么慈祥的人，为什么不能帮妈妈拿一下刀呢。

我就是想不明白，奶奶和妈妈都是好人，为什么就不能有良好的沟通呢。大人之间说的话，看似表达清楚，其实并不是那样。

小区不同的新世界——
单身人士

今天是个好天气，远远地可以望见东山。

吃完早饭爸爸就出门了。本来想和妈妈一起送爸爸到车站，结果只送到家门口就和爸爸说再见了。我正和妈妈一起向爸爸挥手告别的时候，屋里传出了奶奶的声音。

"差不多就别送了。这附近也没有谁每天都送到车站去的。"

听见奶奶这么说，爸爸就一个人出门上班去了。附近也有几个上班的中年人，和爸爸相比，显得十分老成与稳重。他大概觉得对妻子和孩子冷淡一点儿，她们留在家里可能就没那么寂寞了吧。

这样老成稳重的人虽然很多，但是也有很多看上去不太成熟的大人。这和我家在东京的邻居不一样。好像都是些没有当爸爸妈妈的单身人士。那个来我家推销的卖肉老板，就长着一个不太成熟的模样。

"叔叔，你家还有个阿姨在等你吧。"

叔叔听了这话，不好意思地笑了。然后跟妈妈说："我还是单身呢。"

我家对面的二楼住了一个年轻的小伙子。一到晚上就开始拨弄乐器，唱唱歌。奶奶皱着眉头瞪着对面，说：

"真吵。真拿这些独身的人没办法。"

看到推销员对自己单身状态的不好意思，还有奶奶对他们的态度，我觉得单身好像不是什么好事。于是，年轻人是否单身，就成了我判断他们好坏与否的标准。

今天和妈妈去邮局的途中，烟店拐角有个年轻的姑娘在打电话。我们在邮局待了很久才往家走，看到那个姑娘还在打电话。她后面有一个爷爷也在等着打电话，这姑娘还笑得花枝乱颤。这么长时间一个人占着电话，还真是脸皮厚。我们走过她身旁的时候，我跟妈妈说："那个人，单身哦。"

那个姑娘立刻挂了电话，满脸通红。妈妈惊慌失措地向她道了歉，拉着我就回家了。

单身果然不是什么好事。晚上，妈妈跟爸爸说："我要是单身就好了。"这真是把我弄糊涂了。

奶奶——
做家务的艺术家

妈妈感叹单身多好是有原因的，事情的经过是这样的。

我们刚从邮局回来的时候，奶奶拿着盆正要开始洗衣服。

"奶奶，衣服我来洗吧。用洗衣机很快就能洗好了。"

听妈妈这么说，奶奶却没有停下手里的活。

"这点儿衣服用手洗就行了，也不费什么电费，而且对面料也没有损坏。"

奶奶好像没什么别的意思，妈妈却像受了电击似的。妈妈肯定觉得奶奶总是话里有话，她要想一下这句话背后所代表的意思。

"就这么点儿衣服还是用手洗比较好吧。洗衣机费电，就要多花些钱付电费。这样多浪费啊。衣服面料要是洗坏了，还要买新的。这些不都是我儿子花钱吗？"

妈妈觉得奶奶说的话是这个意思，她慌慌张张地说："可是用洗衣机可以节省时间。"

　　这个理由也不管用。对于妈妈来说，奶奶也许会把她的话曲解成这样的意思。

　　"在洗衣服这种事情上浪费工作的时间真是笨。笨女人也就算了，能干的女人才不会为这种无聊的事情浪费时间。"

　　奶奶却说："反正我也是闲着，洗衣服打发时间也不错。"

　　妈妈陷入了窘迫的境地，只好迎头向前。

　　"奶奶，真的还是请您让我来洗衣服吧。"

　　奶奶还是没停下，说："我呀，不习惯让人家干活呢。自己干活才觉得舒服。"

　　这的确是奶奶的真心话。奶奶对家务事的熟练程度简直到达了艺术的境界。每一个动作都是有意义的。菜刀放置的位置、剥菜叶的方法、架子上的餐具如何摆放、干家务的顺序，奶奶在我们家 60 年的生活中，决定着这一切。因此，妈妈把东西的位置换了，奶奶就觉得干起活来不顺手。妈妈干半个月或一个月的活，也记不住奶奶对东西的摆放。妈妈和奶奶之间你来我往的那些话，开始时互相可能都有些误会。奶奶也曾想让妈妈记住一些，妈妈却怎么也记不住。于是这样的失败就一直延续了下来。

不能互相信任——
滚雪球和不倒翁

　　奶奶不信任妈妈，妈妈对奶奶的态度也是战战兢兢。她俩之间的这种关系一旦形成，就像滚雪球一样变得越来越糟糕。我作为一个旁观者知道得很清楚。妈妈和奶奶都想弄明白对方的想法，不停地想东想西。奶奶对妈妈的不信任越想越多，妈妈总是想着："会不会又批评我了。"

　　"这些家务活我自己不干，总是会觉得缺点什么"。奶奶这么说。真实的意思是："我不说别人的活儿干得不好。但我不让别人插手，不是好坏的问题，是我心情的问题。因为我希望按照自己喜欢的方式来做。"

　　妈妈认为奶奶的意思是："我就是这个性格，看不上别人干的活。这是性格问题，无论做多少努力都是无法改变的。"

　　奶奶不让妈妈洗衣服，她只好找些别的家务来做。
　　"那么，我把刚才在菜店里买的菜洗了吧。"
　　妈妈在桶里倒了些洗洁精，开始洗菜。
　　奶奶洗完了衣服，来到厨房看了一眼妈妈正在干的活，说了一句：

"啊，你又用这些化学的东西，我讨厌这个味道，你要是先问我一声就好了，这个味洗多少遍也去不掉。我让老大搬家时把这个拿走，我受不了，别干了。"

"对不起。我没注意，也没问一声就这么洗了。"妈妈道了歉。

但是真奇怪啊，妈妈来京都后总在道歉，以前在我家这么做没问题，在这里就不能这么干了。

如果妈妈每干一件事都问奶奶该怎么做，那么妈妈只能跟在奶奶后面干活了，奶奶也真有些啰嗦，从头到尾做说明还不如自己干活来得痛快，因此妈妈总是记不住奶奶习惯的那些流程，记不住便做不好，做不好奶奶就觉得还不如自己做。转了一圈又回来，就像和小孩子玩不倒翁似的。

妈妈累得不行。晚上等爸爸回来，吃完饭上了二楼就开始长吁短叹了。

说长道短——
强势的儿媳

　　早川奶奶来我家做客了，她现在一个人住。她只有一个儿子，但是家没有安在这里。这个奶奶很健壮，看上去像个男人似的。无论对谁都是毫不客气地说出自己的想法。前几天她来我家时，看到我说："这孩子哪里来的，长了一张淘气的脸嘛。他不怎么听爸爸妈妈的话吧？"

　　我真是不喜欢这种居高临下的态度。

　　"讨厌。"我摇摇头说。

　　"还会说这个呢。现在的父母真是管教不严。臭小子，说这句话嘴可是会歪的。"

　　我对早川奶奶的话用鬼脸做了回答。

　　"这可不行，小宝。对不起了。"

　　妈妈出现了，我被抱到了厨房门口。

　　但是今天妈妈出门烫头发去了，我在一旁玩积木时，早川奶奶来我家做客了，我边玩边听着奶奶和早川的谈话。奶奶在征求一些她的意见。

　　"儿子、儿媳回来过吗？"

　　"没回来。我这个儿子，已经和外人差不多了。来了也处不好，不想他了。如今的儿媳妇都厉害着呢。第一次顺了她的意，以后就不能变了。山田你知道吧？都气得直哭。儿媳妇到底想怎么样啊。在外面投个稿子，当个什么会的干事。像家里打扫卫生、缝缝补补的活儿都是山田在干。他家的儿子也没有用。儿媳妇光顾着自己的事情，也不知道是怎么想的。给媳妇叠被子，这个年头的男人，真是没志气。什么男女平等啊。我们年轻的时候拼了命地干活，到年纪大了又让儿媳妇骑在头上。可不能吃这个亏。你大儿子的那个媳妇还好。那个人勤劳能干。二儿子媳妇怎么样？开始最重要，可不能放松啊。我们家就是个典型。到了我们这个年纪，儿子再不向着你，就傻了。"

　　奶奶听了一脸的严肃。她们还想说什么，妈妈顶着漂亮的新发型，说着"我回来了"进了家门。

妈妈的怨言——
奶奶的溺爱

妈妈太留恋东京了，一直拖到很晚才往京都赶，先坐地铁，再坐电车，困得我在车上就睡着了。

当我被大人说话的声音吵醒的时候已经在奶奶家的卧室里了，妈妈的声音压得太低了，一开始我都没听出来是妈妈在说话。

"唉，当家的，我以后的日子真是难过了，这还要忍多长时间啊，这是我中学长跑得第一名以来忍耐力最大的考验。"

爸爸低声回答说："这我都知道，这样的日子不会太长，你再坚持一下，我妈也不是什么坏人，她为人处事的风格与别人不同罢了，你就多顺着她的风格。"

"我是顺着她的呀，但是她还没等我跟上就开始有气了。"

"她不是生气，你是东京人，她是京都人，肯定语言上有不通的地方。我妈也没有像早川的奶奶那样对你大吼大叫吧。"

"还不如让她对我吼一下呢。她直接说出来我哪里不对也好啊，她要是都说出来，我也就不想那么多了。

"是你自己想得太多了，我妈可是个好人。"

"真是个好人，特别是对你那就更好了。你说我溺爱孩子，我看你妈对你更溺爱，你是个老小，但也不能太过啊。你妈给你夹菜，给你买领带，早上一咳嗽，就问你是不是晚上受凉了。她当你还是个两三岁的小孩呢。"

"妈妈这样做也没什么错啊，只要她高兴就行了，当儿女的不就是要让老年人高兴吗？"

"是没什么大错，但她一那么做，我不就成了外人了，你妈再怎么疼爱你，你这三十几岁的人也不会像小孩子那样再成长了吧。你妈妈就是不愿意对你撒手，而我对她经常要伸手感到十分反感。"

我完全听不懂爸妈对话的意思。于是我爬了起来，嘴里说着："尿尿，尿尿。"

爸爸最先走过来，还不停地夸奖我："宝宝真棒。"

奶奶的怨言——
爸爸的弱点

"我看见你早晨给美奈子叠被子了。"

爸爸晚上回家正要喝茶的时候，奶奶看见妈妈不在，有些不高兴地质问爸爸。

"噢，我不是起得晚了吗，美奈子起得早，没来得及整理。"

"不能这么做，男人哪能叠媳妇的被子。"

"是吗，这样做有错吗？"

"当然不对，我什么时候让你爸爸叠过被子。"

"但是现在时代不同了。"

"无论时代怎么变，我家也不能那么做。你太软弱了。"

"你理解错了。我们年轻人之间都互相谦让。"

"但我们不能这样。你做男人可能不知道，你媳妇可是不太听我说的话。她可能有她在娘家的做事风格，但是嫁到我家就要遵循这里的家规。"

"你这是在说家里的事吧，每个人的做事风格都是多年养成的，你让她那么快就变是不可能的。"

"我一嫁过来就改了，我能做的事，美奈子也要做。"

"不要讲什么家规了，目标一致就可以了。"

"现在的媳妇，可以用时代不同来做解释，我们那个年代哪有这样的人。"

"我知道妈妈以前吃了很多苦，你也不能再让儿媳妇吃那么多苦吧。"

"我这是为你好，我也不可能跟你们过一辈子，我不在的时候，就怕你受苦。"

奶奶和爸爸的意见难以统一，奶奶是为爸爸未来的生活着想，但是爸爸不想过那样的生活。这大概就是"代沟"吧。爸爸让我做的事情也不是我想做的事情。

援军——
要以爸爸为中心

帮助爸爸的人出现了，他就是小淳的爸爸，他来京都出差，因为太晚了，就住了下来。晚上，他来我家找爸爸聊天，他已经从小淳妈妈那里听说了我家的事情，在妈妈和奶奶不在房间的时候，小淳的爸爸开始教导我爸爸了。

"你就是立场不坚定，在公司里把握全局的能力为什么不在家里发挥一下呢。"

"你说得到容易，你不是因为家里婆媳不和而离家出走过吗？"

"那是有原因的。那时我刚结婚才一个月，公司就让我出差，这公司也真不够意思，我们还正热乎着呢就分开了半个月，等我回来，夫人都不理我了，以前从来没这样过，这女人真是难以理喻，不像我们男人，一顿酒喝下去就成好朋友了。问她们为什么吵架，都成了没头脑的人，什么衣服要这样叠啦，萝卜不能那样切啦，谁先去洗澡啦，都是些鸡毛蒜皮的小事。"

"我们家也是这样。"

"是的，不仅是你这样，全国的家庭也都这样。两个女人在家，什么事情都可能发生。我一回到家，感觉一点儿意思也没有，像是进了法院一样，她说她这里不对，她说她那里错了，双方都有责任，我也无法保持中立。如果偏向一方，就会得罪另一方，谁对谁错也很难判断。让我这个意志坚定的人都有些神经衰弱了。"

"你还能神经衰弱，大学时期上课都敢睡觉。"

"老师再生气，也不会追到家里来吧。但是婆媳打架让你有觉也睡不成。"

"所以你就离家出走了嘛，为什么还说我立场不坚定呢？"

"这是有原因的。所有的婆媳不和都是因为男人立场不坚定。我如果不出差半个月，她们是不会吵起来的。我有统领全局的能力，我在的时候她们一次也没吵过。你现在要做的就是每天下班早点儿回家，要让家里所有的人都以你为中心。"

爸爸的努力——
快乐的一家

可能是听了小淳爸爸的忠告，我爸爸最近回家都特别早。以前他都是边坐车边看报纸，到家还继续看，对我们的问候也只是简单应付。现在爸爸回家也不看书了，他吃完晚饭还主动讲一讲他们公司里发生的有趣的事情，妈妈和奶奶都会很认真地听，爸爸还有意地使用一些京都方言。

"今天公司有个难办的事，就是明天请几个重要人物吃饭，不知道怎么安排座位。做销售真是个苦差事啊。我们请的是市工商局的处长和区工商局的处长，谁应该坐首座，大家意见不一致。两人的行政级别一样，我们查了一下，大学也是同一年毕业的。市里的处长年纪稍大一点儿，但是区里的处长头发白了，还留着胡子，老妈，您说谁应该坐首座。"

奶奶像是被老师点名回答问题一样，有些为难地说："我觉得还是应该让年纪大一点儿的人坐首座吧。你说呢，宝宝妈。"

妈妈赞同奶奶的意见："是啊，我也是这么想的。"

"但是我们讨论的结果的确不是这样。试想一下，看上去年轻的人如果坐了首座，其他参会的人肯定会认为不合适。最后决定让留胡子的人坐首座。"

奶奶和妈妈都笑了起来。

"怎么像小孩子过家家一样。"

"就是吗。"

看到大家的想法都统一了，爸爸说得更带劲了。

"坚持这个主意的是石田君。奶奶认识他，就是那个纺织匠的二儿子。"

"想起来了，是个很老实的人。"

"是啊，他在家里很老实，但在公司却很麻利。大家都认为他在家老实，据同事川上说去他家时，他老婆可厉害了，还会教育人呢。"

妈妈听了，赶快向爸爸眨了一下眼睛，她是在暗示爸爸不要讲这些女人强势的话。爸爸明白了，他转向我说："啊，宝宝要睡觉了，走，去睡觉喽。"

耍性子（一）——
期待被关注

"没长眼！注意点！"

我刚迈出大门的门槛，面前就有一辆摩托车像一阵风一样开了过去。对我吼叫的是摩托车上的两个男青年，驾车的是一个戴墨镜的家伙。我看还是该他们注意，在别人的家门口开那么快的车多危险啊。我要是再多走半步，就一定会被撞倒了。

现在已经是秋天了，太阳也不怎么刺眼，为什么还要带个墨镜呢？这样视线不好，就更容易发生事故了。也可能是为了出事故后便于逃跑，免得被别人认出来吧。也不知道他们为什么趴在摩托上，像两个蜻蜓一样，让人看了真是可笑。

我以前在小区住的时候，如果在家里玩烦了就可以到外面去玩，但是来到京都后就不能一个人出去玩了。门口的汽车一辆接一辆，真是太危险了。自从有了汽车行驶的道路，我们人走的道路就变少了。

奶奶是个爱干净的人，总是把家里收拾得整整齐齐的，我也不能像以前那样把被子、椅子拉出来在地上玩。院子里仅有的土地上种满了植物，我只能在屋里画画、读书。但我很快就厌烦了，像我这样生来就爱活动的人，是不可能被一直关在屋里的。妈妈长时间不让我出去玩，使我变得很焦躁不安。

另外，我在家里也感到妈妈和奶奶的关系很紧张。奶奶总是盯着妈妈，妈妈对奶奶也不放心。我想让她们把注意力都集中在我身上，如果她们关心我，我的要求就会得到满足。终于我发现了一个让她们都能把注意力集中在我身上的方法，而且还可以让我旺盛的精力得到宣泄。

早上爸爸去上班以后，妈妈开始洗衣服，因为我穿的毛衣也有些脏了。妈妈洗完其他衣服后又想洗我的毛衣，她拿来另一件毛衣对我说："来，宝宝，我们换件干净的衣服。"

妈妈说着就要脱我身上的脏毛衣。奶奶也不看报纸了，一直盯着我们，我想让奶奶进一步关心我，于是大声叫道："不换毛衣，不换毛衣！"

我手脚乱动着进行反抗。正如我所想，奶奶走了过来，亲切地对我说："小宝，不要耍性子，把毛衣换了吧。"

我比刚才的反抗更剧烈了。妈妈和奶奶都拿我没有办法。他们接下来就会争着对我好了。我就可以利用这种变化选择对我最有利的结果。

要性子（二）——
寻找机会

"小宝，不要那么不懂事，快点把毛衣脱了吧。"

妈妈拉着我的毛衣就要往上拽。我啪的一声把妈妈的手拨开了。这是我前几天去菜市场时跟另外一个小孩子学的。

妈妈大声呵斥道："你怎么能做这样的事呢？太不听话了。"

我挣脱了妈妈的手，把脸转向奶奶，看她的反应。

看到妈妈这么大声地说话，我读懂了奶奶的表情：她认为我妈妈的声音太大，回头肯定要向我爸爸告状。

我觉得有利用的可能，于是钻到奶奶面前，大声说道："妈妈好可怕呀！"

奶奶说："好了，好了，奶奶会让妈妈不怪你的。"奶奶抱着我，我达到了目的。如果要在以前，爸爸和妈妈肯定会秘密结成统一战线，是绝对不会给我反抗的机会的。我们来到京都后，奶奶和妈妈的意见总是不一致，这样我就有了可乘之机。大人们大概认为小孩子不会想这些问题，所以会放纵他。其实小孩子也对人与人之间的关系很敏感，有些话虽然听不懂，但是他会通过脸色、态度、语调等很快分辨出两个人的关系是好是坏。

妈妈又大声地说道："小宝，你越来越不像话了。"

我知道妈妈这话不是简单地对我说的，我看懂了奶奶的脸色，那是在说我之所以不好，都是因为奶奶的原因。

奶奶对我说："我们小宝越来越懂事了，这都是在京都学到的吧？"我知道这话的意思也是针对妈妈说的，因为我在教育孩子，所以孩子会越变越好。

我不再说话，奶奶给我脱下了毛衣，但是我看到妈妈的脸色仿佛在说："奶奶觉得自己做对了，其实犯了一个大错误，这会让小孩子越来越不听妈妈的话。"

耍性子（三）——
也是一种快乐

我以前在东京住的时候也会耍性子，但是无论我怎么闹腾，妈妈也不会顺从我。和爸爸妈妈在一起的时候，虽然有时候有些机会，但是他们会遵守统一战线，使我无机可乘。因为不能取得成功，所以耍性子也就没意思了。但是来到京都后，奶奶和妈妈的意见不一致，我耍性子一次成功后，就变得一发不可收拾。

耍性子在别人看来，是一种不听话的表现，在我看来却是非常有意思。大人们虽然会有些不高兴，但是最终的结果会让我感到快乐。

耍性子第一个好处可以让我散发多余的精力，获得很大的心理满足，这对于整天不能出门的我来说，实在是很有必要。

耍性子的第二个好处就是可以占得先机，让大人对我的要求只能说可以或者不可以，完全不给他们讲道理的机会。

耍性子的第三个好处就是可以满足很多平常不可能满足的愿望，但是这个时候要注意正确判断形势，要知道大人们的意见是不是统一的，即便是知道奶奶和妈妈的意见不统一，如果有外人在场，就更容易达到目的了。这是因为大人们都有虚荣心，都认为自己的孩子耍性子是自己没有教育好。所以说他们总是会在别人面前满足孩子的要求。因为如果孩子变得很听话，外人就会认为家长教育得很好，所以耍性子的要点就是要抓住大人的虚荣心。

今天我和妈妈去百货商场了，在五层的玩具柜台前我看到有闪光的小坦克，虽然我想买，但是妈妈什么也没说就抱着我向楼下走去。我在下楼梯的地方挣脱开妈妈，躺在地上耍性子。"我要买坦克！"妈妈没有理我，一个人向台阶下走去。

这时，台阶上上上下下的都是人，有一个中年妇女把我抱了起来，"好孩子不哭，你妈妈在哪里？"妈妈不好意思走了过来，她不可能完全不理我，因为只要有人在我就会得到帮助。

健康教育讲座——
交通事故比疾病更危险

　　附近的小学要举办一场健康教育讲座，题目是"儿童冬季保健"。妈妈带我去听这个讲座，一进小学的大门就看到许多带着孩子的妈妈、奶奶一起向会场走去，会场设在小学的体育馆内，我们进入会场的时候，已经快3点了。

大多数的人都坐在会场后面的椅子上，妈妈因为刚来到京都不久，还不认识几个人。她拉着我，一个人孤单地坐在一边，其他的家长们有很多是以前就认识的，见了面都大声地打着招呼。我看了一下四周，年轻的妈妈们大都说笑的声音比较大，全部集中在会场的右侧，而那些来听课的孩子的奶奶们都坐在会场的左侧，说话的声音比较小，有的甚至趴在别人的耳根说话。这让我感到人们因为年龄不一样而说话的方式也不一样，越年轻的人说话就会越直爽。当然，说话最直爽的就是我们这些小孩子。

"我要回家。"

"回去给我买糖！"

有些小孩子就这么直白地表达自己的想法，也有一些小孩子在座位里玩起了捉迷藏的游戏。会场里吵吵闹闹，一直安静不下来，大约又过了半小时，健康讲座才正式开始。讲课的是一个高个子的戴着眼镜的男人，他每说几句话就要眨一下眼睛，而且他的喉结特别大，随着说话一上一下移动。

孩子的吵闹声太大，而且麦克风的效果也不好，我也听不到他说的是什么。我感兴趣的只是讲课人的喉结上下移动，但一会儿也烦了。我前面坐的老奶奶在低头打瞌睡，大概是受了她的影响吧，我也趴在妈妈的腿上睡着了。

等我醒来的时候，我已经在家里了。爸爸也已经下班回家了。

爸爸看见妈妈，说道："出事了，知道吗？我们小区里有个小孩子被摩托车撞了，那个孩子的年龄和我们的儿子差不多，听说是因为他妈妈去听健康讲座，让他一个人在小区里玩。看样子他伤得还挺重，有救护车直接送医院了。"

妈妈说："真是太可怜了！我回来的时候看到一群人站在那里，原来是发生了这种事情。"

爸爸问："健康讲座都说了些什么？"

妈妈说："冬天孩子要预防白喉，要给孩子打预防针后才能到人多的地方去，都是老一套的东西。"

爸爸说："是啊，那些我们不是都知道了吗？而且白喉对小孩子的危险也不是太大，真正有危险的是交通事故呀！没有讲一讲吗？"

妈妈说："是啊，我也是这么想的，更重要的应该是给那些骑摩托车的和开汽车的人办一个交通安全讲座。"

穿薄点还是穿厚点——
奶奶有畏寒症

我们小区的孩子被摩托车撞伤了，我也就很少一个人出门了。我只能站在家里的格子窗前看窗外的景色。窗外面很有意思，有各种各样的车从门口通过，有些我还真叫不出名字。

今天我又站在窗前向外望了很长时间。妈妈大概是看我太可怜了，就走过来对我说："小宝，我们去六角寺的广场上喂鸽子吧？"

我高兴得跳了起来。以前奶奶带我去过那个地方，很好玩。

奶奶听见了，对妈妈说："今天天气有点冷吧？"

妈妈解释道："冷也要出去锻炼锻炼吧，老在家里关着，身体会越来越差的。"

奶奶说:"那就再给宝宝穿一件带毛的外套吧。"

奶奶有畏寒症,妈妈可是看了不少育儿的书,她知道小孩子要尽量穿少一点儿。以前和爸爸争论时,只要是育儿书上说的爸爸也就同意了。但是最近,妈妈却不在坚持自己的主意。偶尔也会对奶奶的养育方式提出不同的意见。

"好吧,我们带着毛衣去吧,如果冷的话就给宝宝穿上。"

奶奶知道妈妈基本同意了她的意见。她从钱包里拿出 10 元钱对我说:"小宝,替奶奶捐点香火钱。"

妈妈装好毛衣和面包渣就带我出门了。

每次出门前,妈妈都要让我跟奶奶说:"我们要走了。"这时我都会表现得比较顺从,因为马上就要出去玩了,我也就不跟妈妈和奶奶耍小脾气了。

出门后妈妈仍然紧紧地拉着我的手,因为路上也感觉不太安全。不少人家的汽车就停在我家门口,我们要想往前走,就必须绕道路从中间过去,这样就可能被对面开来的汽车碰到。无论是走左边还是走右边,这些停着的车都会影响我们的通行。

在京都住了一段时间,我又想起东京的好处来了,在东京时,我们小孩子都在外面玩耍。用土做游戏,在太阳下捉迷藏。而来到这里就很少出去玩了。外面既没有树,草也很少见。在外面玩的孩子,总是三三两两的一起吃一些硬糖。这让我感到京都的孩子都是多余的。

散步——
遇上淘气的小孩

　　六角寺的屋脊在太阳的照射下闪闪发光，在寺院广场的青石地面上，成群的鸽子走来走去，如同流水一般，其中还有一只"小船"，那是一辆婴儿车，车上的小孩有一岁左右，头上戴着一顶白色的帽子，看上去很可爱，旁边站着的是孩子的爷爷，虽然腰都有些弯了，但看上去依然健康，他正在从纸袋里拿豆子喂鸽子，有几只鸽子显然是等不及了，飞到老爷爷的肩上或是手上，扑闪着翅膀直接从老人的手里吃了起来，小孩子看见了高兴得直拍手。

院里再没有其他人了，鸽子仿佛知道我们也是来喂食的，等我和妈妈刚把碎面包取出来，就有几十只鸽子从屋顶上飞下来一直冲到我身边，吓得我一机灵，但我看到鸽子主动飞过来取食，还是感到很高兴，要知道这些碎面包都是我昨天专门剩下来喂鸽子的。

妈妈一边喂一边说："乖宝宝，你看鸽子吃得多香啊，你回家后也要好好吃饭哦。"

"不，我就不全都吃完，我还要多留一些，鸽子都饿了，多可怜啊。"

听了我和妈妈的对话，旁边的老爷爷笑了起来："我们两家的想法是一样的，我带孙子到这里来也想通过喂鸽子让他多吃一点儿饭，结果他在家里只吃一点就要剩下来喂鸽子，这不，每天都要来这里喂一次。

妈妈叹着气回应道："就当是带孩子来晒晒太阳吧。"

妈妈话音未落，寺院里又进来两个五六岁的小男孩，他们手里拿着能打软木子弹的玩具手枪，对着鸽子群一通乱射，院子里的鸽子受到了惊吓，纷纷扑闪着翅膀飞了起来，像是从地上升起一朵灰的云，我吓得紧紧地抓住妈妈的衣服，童车上的小孩也吓得哭了起来。

"你们不要捣乱，不准虐待小动物。"老爷爷大声呵斥道。两个小孩子没敢吱声，从地上捡起软木子弹，赶紧跑出了寺院。

"有人来捣乱了，宝宝不哭，宝宝不哭。"老爷爷把小孩子抱起来，不停地安慰他。

这时从寺院大门的方向传来两个小孩子怪里怪气的声音："老罗锅，老糊涂。"

当我们把目光转向大门的时候，两个小孩子飞快地跑开了。

"现在的小孩子，真让人没办法。"

老人并没有在意，他又带着孙子去喂鸽子了。

"妈妈，老糊涂是什么意思呀？"妈妈并没有理会我的问题，而是抱起我回家了。我们刚进家门，天就下雨了，夏季的天气变化真快啊。

咳嗽——
有些痰

"奶奶，我们回来了。"

妈妈回到家，在开门的时候总是要教我说上这样一句话，她知道好的教养是平时养成的。奶奶听到后高兴地回应道："乖宝宝，回来了。"

接着奶奶又问了一句："外面冷不冷啊，拿的毛衣没忘记穿吧？"

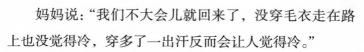

妈妈说："我们不大会儿就回来了，没穿毛衣走在路上也没觉得冷，穿多了一出汗反而会让人觉得冷。"

奶奶听了许久没有回话，过了一会儿，她问道："菩萨的香火钱给了吗？"

哎呀，这么重要的事给忘了，妈妈很后悔地回答道："我的妈呀，犯大错了，进寺院门的时候还想着这事呢。真对不起你。"

我看奶奶的脸色变得更不好看了，"你看看，诚信都跑到哪里去了，我交代的事怎么就做不好呢。"

"太对不起了。"

看着妈妈不停地道歉，我真想对奶奶说哪里有时间啊，我们出去的时候，天阴得厉害，再加上调皮的两个小哥哥，他们追得鸽子到处飞，妈妈也就把拜佛的事给忘了。对了，那两个小哥哥还说了一句什么话，想起来了："奶奶，老糊涂是什么意思啊？"

妈妈听了脸上红一阵白一阵，奶奶阴着脸转向妈妈问道："这也是你教的吗？"

妈妈急忙辩解道："不是我教的，是你的宝贝孙子跟着两个调皮的孩子学的，因为寺院里有个老爷爷不让他们追赶鸽子。"

但奶奶一句解释的话也听不进去了。

直到傍晚，爸爸回来了，奶奶都没有和妈妈说一句话。晚上雨下得很大，我因为湿气太重，痰又出来了，呼吸的声音很粗，还不时地咳嗽几声。

这是在我 3 个月大的时候，患了一次感冒，没有彻底治好而留下了怕湿的毛病。爸爸和妈妈认为是我的体质问题也没太重视。

由于这是来奶奶家后的第一次发作，她很是担心，忍不住对妈妈发起了牢骚："天这么冷，也不给孩子穿上毛衣，你看这不咳嗽了吗？"

咳嗽加重——
吐奶了

　　今天我嗓子里的痰仍然没有消失的迹象，深呼吸时气管里仍有哮喘音，咳嗽还加重了，特别是在早晨起床的时候。

　　奶奶听见我咳嗽后，就开始埋怨起我的爸妈来："我说是感冒了吧，要是奶奶带着宝宝就不会受凉的，今天开始就跟着奶奶吧。"

　　爸爸晚上下班后，就和妈妈一起讨论起我的"监护"问题。

　　妈妈说："儿子就是一种痰湿体质，气候一变就会发作，不用治疗也会好的，上次去外地旅游不就是这样吗，医生也是这么说的。奶奶也真是的，用不着那么担心。"

　　爸爸回应道："你说的这些话，妈妈是听不进去的，什么事你都说放一放，但这事是不能放的，原因就是要看看大哥家的小美，那孩子小时候也这么咳嗽，最后就发展成哮喘病了。"

　　妈妈说："儿子的病和小美的病是不一样的，我看小美的病就是因为保护得太过才发生哮喘的。我的儿子就是因为搬到奶奶家才发病的，要是回到东京就一声也不咳了。"

"回去也不见得能好，我看现在离小美的哮喘也不远了。"

爸爸的话音刚落，我像中了邪似的，剧烈地咳嗽起来，接着把晚上喝的那150毫升牛奶全吐了出来。妈妈着急去卫生间拿墩布，奶奶走过来轻轻地拍拍我的背，说道："可怜的宝宝，都咳成这样了，也没人带我们去看医生。"

妈妈一边用墩布拖地一边回应道："好的，马上就带他去看医生。"

大人们真是会办大事啊，有病就找医生，但医生做的事也不都是正确的啊。我的世界里没有什么害怕的事，只有医生是个例外。爸妈无论对我发再大的火，最终也会好好安慰我。医生就不一样了，无论一开始多么和颜悦色，最后给我留下的只是痛苦的记忆。

"我讨厌医生，我不去医院。"我大叫着跑出房间，抱着门口的立柱，奶奶追过来，拉着我的手说："乖宝宝最听话了，要不给你买个玩具吧，就给你买个红色的消防玩具汽车吧。"

我的汽车模型里就差一辆消防汽车了。我松开了立柱，想着等到汽车到手后再找机会"逃跑"。

咳嗽加重

喘息性支气管炎（一）——
不发烧

　　妈妈急急忙忙地把我带到诊室，中年医生还未开口，妈妈就说了起来："我的孩子主要是早晨和晚上咳嗽，不发热，咳嗽的时候嗓子里有痰，今天早晨他咳得把饭吐出来了，但他精神还不错。"

　　中年医生听说我咳嗽伴呕吐，立刻变得紧张起来："是这种痉挛性的咳嗽吗？"医生边说边伸着脖子弯着腰模仿咳嗽的样子，最后还发出一种类似鸡叫的声音，像是公鸡早晨打鸣一样，旁边的护士看了忍不住笑出声来，妈妈紧张的表情也缓解了不少，解释道："并没有咳得那么痛苦。"

　　中年医生说："那就不是百日咳了，教科书上说咳嗽伴呕吐首先要想到百日咳，下面让我再听一听小孩的肺吧。"

　　医生说着就开始把听诊器放在了我的胸部，他说："还真是有些痰鸣音，很像是喘息性支气管炎啊。"

　　"就是哮喘吗？"妈妈吃惊地问。

　　"不是真正的哮喘，就是发生了支气管炎伴渗出性体质引起的。"医生解释说。

妈妈还是不放心，又问道："真正的哮喘有什么表现呢？"

"有渗出性体质的小孩子大约占就诊患者的三分之一，但其中能够诊断为哮喘的不到百分之二，如果不及时治疗也可以发展为哮喘。但在我们小儿科医生看来，哮喘也是一种和神经发育相关的疾病，有的哮喘患儿到了上小学的年纪，其症状就完全消失了。"

真是一个好医生，既给妈妈把病情解释清楚，又不给我打针，只是发些药物，要是遇到暴力派医生就不是这个样子了。

回到家里，奶奶关切地问："打针了吗？"

听到妈妈说没有打针，奶奶就表现出对医生不信任的样子。

奶奶能做的只是加强对我的护理，她关好窗户，把炉火烧得旺旺的，还拿出珍藏多年的一条军绿色毛毯给我盖上。她哪里想到我对纤维也很敏感，夜里咳嗽得更厉害呢。

喘息性支气管炎（二）——
不打针

奶奶又是烧炉子，又是关窗户，还给我盖了毛毯，但是我的咳嗽反而加重了，奶奶把责任都推到那个不给我打针的医生身上。

"病得这么厉害，也不给打针，病怎么能好呢，只靠吃药是不行的，今天我带宝宝去，一定要让医生给他打一针。"

我自然是不同意去，但奶奶许诺给我买一辆玩具消防车，我含着眼泪跟着奶奶又去了小区的诊所。

奶奶找到医生说的第一句话就是："昨天拿的口服药不管用，快给我们打一针吧。"

医生听了虽然很不高兴，但仍耐心地解释道："我是为你的孙子着想才不给他打针的，这叫喘息性支气管炎，是很常见的病，但与其他常见病不一样，这主要是由于体质原因引发的症状，比如出汗多也是一种体质。你孙子的体质就是产生的痰比其他孩子多一些。我如果给他打一针，或者用点儿激素什么的，他的症状可能会暂时有所改善，但这种体质状态是纠正不过来的，病情很快就会反复。重要的是平时要注意增强他的体质。不能一听到有些痰音，就把他关在家里，捂得厚厚的，这样，孩子的体质怎么可能得到锻炼呢。"

奶奶的想法受到多数人的反对，她心情沉重地对医生说："你说得可能是对的，但孩子现在咳嗽得很厉害，就不能给他打一针，先让咳嗽停止吗？"

医生也是一个坚持原则的人，"我认为打针一点儿作用都没有。"

这就等于是对奶奶下了逐客令，奶奶只好带我离开了诊所。

我以为奶奶会带我回家，但她仍不放心，又带我坐车去了另外一家大医院。这个医院里像一个自动化工厂一样，病人都排着长长的队等待下一个程序。奶奶带我首先在第一个房间里接受护士阿姨的询问，奶奶要说的话虽然很多，但还没讲两句就被护士阿姨打断了，"我知道了，就是咳嗽。"说完在病历上飞快地划了几笔，就让我们去诊室就诊了，诊室里的年轻医生看了一眼我的病历，又拿起听诊器在我的胸部听了 3 秒钟，对我和奶奶说："是支气管炎，去打一针吧。"奶奶顺从走完交费拿药的程序后，把我带到注射室，我感到像中了埋伏似的，胳膊上被狠狠地扎了一下。

喘息性支气管炎（三）——
湿敷无效

我在医院打完针，在回家的路上，奶奶兑现了她的诺言：用她平时积攒的零钱给我买了一个玩具汽车。

由于我的咳嗽仍然没有好转，奶奶只好每天都要带我去一次那家大医院。

只要我能打上针，奶奶就觉得医生水平高，但是她对医院的呼吸门诊经常更换医生很是不满，要是遇到与昨天相同的医生，奶奶会说："打完针后好多了，就快治好了。"要是看到又换了一个不认识的医生，奶奶就说："效果不好，痰还是很多。"奶奶感觉我的病又回到了原点，她对大医院也失望了。

到了晚上，我的痰鸣音依然很重，奶奶只好拿出了她的"绝招。"

"看来靠大医院也不行啊，我给他湿敷一下吧。"

湿敷是什么呢，用过以后我才知道这是一种很古老的治疗方法：奶奶先让我乖乖地躺着，胸部缠上厚厚的毛巾，然后再裹上塑料纸。刚开始浑身暖暖的，仅舒服了一小会儿，湿毛巾就变凉了，贴在身上很难受，奶奶和妈妈忙得团团转，我每隔 20 分钟就要换一次温水毛巾。房间里不是很暖和，换毛巾时虽然给我盖着被子，但我仍然冻得哆哆嗦嗦的。经过这么四五次折腾，大人们都累得气喘吁吁了，我也嘟囔着不想再做了。

我的痰仍然很多，湿敷疗法也失败了。到了第二天早上，我发烧了。

"这里疼。"我摇醒妈妈，指着胸口说。

妈妈最担心我说疼了，上次肠套叠就是先从腹痛开始的，要知道幼儿发烧时会感觉胸腹痛，而小学生发烧时会感觉头痛。

妈妈首先用手试了试我的额头，好像有点儿热，体温计证实了妈妈的判断。

"老公，孩子说肚子疼。"

爸爸很快过来了，他也被以前的肠套叠吓怕了。

妈妈又说："还有点儿发烧呢。"

"不会是又得了肠套叠吧。"

可能是肺炎——
拍胸片

这时，天还没有完全亮，妈妈和奶奶就带我去了医院。

奶奶发现值班的医生正是第一次给我打针的年轻医生，有些埋怨地说道："病得更厉害了，今早都开始发烧了。"

医生听了也有些不安，他肯定觉得是要承担一些治疗不对症的责任。但是多数医生都会试图推卸责任，努力从患者身上找出一些"破绽"来。

"你们是不是在家里给孩子做过什么啊？"

"是的，昨晚我们用温水给他做了湿敷。"

医生像有了重大发现一样，说道："这肯定是发烧的原因，本以为是个感冒，你们这样一弄会变成肺炎的。"

奶奶一听是肺炎，她觉得有些站不住

了，找个凳子坐了下来。

医生看见了，语调也变得缓和了，"先去拍个胸片吧，如果是肺炎也不用太担心，现在的治疗效果比以前要好多了。"

我被带到 X 光室，拍了个胸片。

在等待取片的过程中，奶奶和妈妈都担心地走来走去，表情也很紧张。

等到胸片出来后，我们再次找到那个年轻的医生，他在读片灯上仔细地看过胸片后，说："还没有肺炎的征象，但已经有向肺炎发展的趋势了，要去再输点儿液吧。"

啊，还要输液，我都烧得这么难受了，还要再去挨上一针，真是惨无人道啊。到输液室一看，我连反抗的心都没有了，这里的护士真是太强壮了，好像是专门来对付我这样不让打针的小孩子的。又是打针，又是输液，还没完全结束，医生又过来追加医嘱了："再给他加一瓶葡萄糖吧。"

医生难道不知道输液时胳膊很疼吗，还要让我再继续受刑。

犯人如招供的话，肯定不会再继续受刑吧。为什么我都不反抗了还要继续给我输液呢，我感觉胳膊都比以前粗了不少，几百毫升葡萄糖就这么输进了体内，要是为了补充相同的热量，给我发两块巧克力吃不就可以了嘛。

肺炎不可怕——
抗生素显神通

输液引起的疼痛能让我一整天都眼泪汪汪的，但是症状却改善了不少，咳嗽减轻了，体温也降了不少，肚子也不疼了，总之我感觉轻快了许多。食欲虽未完全恢复，只喝了些牛奶与果汁。输液引起的疼痛成为最大的问题，都是静脉补充葡萄糖的原因。其实，我是能吃东西的啊。

晚饭的时候，爸爸回来了，我退烧了，情绪也好了很多。我躺在妈妈的怀里，听她给我讲童话故事，也不知道是从什么时候开始的，我觉得身上更凉了，不一会儿就颤抖起来，传说中的"热痉挛"在我身上发生了。

等我恢复知觉的时候，我发现小区诊所的中年医生就坐在我的床头，好像在整理用过的东西，妈妈发现我睁开了眼睛，高兴地说："啊，宝宝醒了，宝宝醒了。"

妈妈最喜欢找小区诊所的医生给我看病，因为他不轻易给我打针，但奶奶不喜欢他，我想肯定是妈妈说服了奶奶。现在奶奶对中年医生也没有成见了，还问个不停。

"到底是不是肺炎啊？"

"还不能完全确诊，症状改善得很快，可能是流行性感冒。"

"昨天拍胸片的医生说，很快就会发展成肺炎。"

"快发展成肺炎的说法很奇怪啊，要是在胸片上发现阴影就可以判断是肺炎了，但为什么不用抗生素呢？我就试验性地给了些青霉素，症状改善很明显。现在细菌性肺炎是可以治愈的病了，相反，病毒引起的疾病还没有很好的药物。"

看着医生心情很好，奶奶忍不住又想起昨天医生对湿敷疗法的指责来。

"昨天我用了湿敷疗法，也不知道这种方法对病情是好是坏。"

中年医生收拾好东西，对奶奶说："过去常用湿敷疗法，对上呼吸道疾病有改善症状的作用。但最近很少有人用了，因为湿敷疗法会影响病人休息。上呼吸道疾病多由病毒引起，你家的孩子也是因为去了人多的地方才得病的。"

奶奶听说湿敷疗法对我的病没有妨碍，就不再继续追问了。

取胸片——
不能借片

中年医生关于我得的是流感的判断是正确的，第二天早晨，我的体温恢复了正常，肚子也瘪瘪的，一口气喝了100毫升牛奶，外加两片面包。虽然我还想再吃，但妈妈担心我的肚子，就不再给我吃了。我胳膊也不疼了，可以在家里走来走去，也不用让医生再上门出诊了。

奶奶自觉理亏，我的病与她带我去大医院接触病人太多有关，湿敷的事就更不用说了。

我无意间对妈妈说的话也会让奶奶反思："妈妈，奶奶就知道带我去医院打针，打针好疼啊。我们还是去小区诊所看病吧，我喜欢那个医生伯伯，昨天他都来我家了。"

妈妈听了很高兴。她对我是不是得了肺炎还有些疑问，妈妈经过几次和爸爸商量，决定再去小区诊所核实一下。

妈妈把我包得紧紧的，去了小区的诊所，见到中年医生说："谢谢，孩子已经好了，你再给听听肺里怎么样？"

中年医生用听诊器仔细听了起来。

"肺里还有问题吗？"

"呼吸音很好，已经没有痰鸣音了，体温正常，心率也没问题。看着就是上呼吸道感染。你方便的话，可以把在医院拍的片子借出来看一看。"

回到家里，妈妈就给爸爸打了个电话，让他下班的时候顺路去医院把我的胸片借回来。

我食欲也完全恢复了，午饭吃得又香又多，下午又美美地睡了一大觉，醒来时爸爸已经下班到家了。

"刚才去医院，说什么医生也不把胸片借给我。"

"为什么呀？"

"他们说这是医院的规定。"

"我们不就是借出来看看有没有问题，然后决定是不是需要再复查吗？"

"我也是这么说的，但医院就是不同意，他们肯定是想留下来作为研究资料。大医院的医生不都是这样嘛，他们看病的目的主要是搞研究，哪管病人是不是治好病了呢。"

冻疮（一）——
夜哭郎

寒冷的冬天日复一日重复着。

又是一个寒冷的冬夜，我被脚上又疼又痒的感觉给弄醒了，睁开眼睛，发现房间的灯依然亮着，爸妈都不在，只有我一个人，我知道是冻疮又犯了，去年是因为袜子开口太紧了，导致脚部的血流不太好引起的。今年又增加了鞋子的因素，现在这双鞋已经穿了3个月了，有些挤脚，再加上天冷，妈妈给我织了一双厚厚的毛袜，脚挤得更厉害了。我的鞋子看上去还很新，妈妈是不会马上给我换新鞋子的，大人们是不会想这么周全的，他们认为鞋子不破就不用更换。

我的脚疼，心里也觉得孤单，我想让妈妈来陪我，于是我大声哭了起来。

听到我的哭声，妈妈走了进来，她一边帮我盖被子，一边说："宝宝不怕，宝宝不怕，做噩梦了吧，妈妈在这儿呢。"

我哪里是做噩梦啊，我是因为脚疼才哭的，于是我大喊道："不是在做噩梦。"

爸爸也过来了，他也是同样地安慰我："是梦，不怕，梦，不怕。"

相对于我的脚疼，我更痛心的是大人们的没心没肺。心里的痛是不应该哭的，但我只是想让爸爸妈妈不要那么对我不关心，其实人类之间不就是因为缺少关心才引起各种争吵嘛。

我最后一直哭到奶奶拿来好吃的蛋糕才停了下来。

到了第二天晚上，爸爸妈妈都过来陪我睡觉了，但是我担心他们在我睡着后又会离开我，于是我就找理由来拴住妈妈，在我看来让妈妈关注的方法很多。

"我还要吃蛋糕。"

妈妈肯定会关注我，因为她认为睡前吃蛋糕对牙齿不好。

"不行，睡前吃东西小肚子会疼的。"

妈妈果然上了我的"圈套"。有了妈妈的关心，我就可以安心睡觉了。

冻疮（二）——
多种多样的民间疗法

今天妈妈带我去公共浴池洗澡，才有机会发现我的脚被冻伤了。当我踏进浴池的时候，我的双脚一下子变得奇痒难忍，我禁不住大叫起来："脚太痒了。"

妈妈把我从浴池里抱了出来，发现我的脚趾发红，看上去有些肿胀，妈妈就对着那些发红的脚趾做起了按摩，我立刻就觉得不那么痒了。

"是脚上长冻疮了吧。"

旁边一个背上有很多灸痕的胖阿姨说道。

"是啊，还真没发现都冻成这样了，昨天也没带他来洗澡。"

妈妈的话像是在做自我解释。胖阿姨转过身来又说一句："米糠治冻疮最好了，我以前试过，现在就找老板要些米糠，洗完澡后揉上半个小时，马上就好了，即使以后不天天来洗热水澡也不会再犯了。"

胖阿姨说完就出去穿衣服，妈妈在后面不停地说："谢谢，谢谢。"

我和妈妈又泡了一会儿才走出浴池，妈妈在更衣室给我穿衣服时，她发现更衣室的墙上贴着冻疮膏的广告，当浴室的服务员阿姨走过来时，妈妈急忙问道："这个冻疮膏效果怎么样？"

阿姨说："还真不好说，我们这里有一小瓶试用品，有人说有效果，也有人说没效果。你的小孩子长冻疮了，每天来洗个热水澡，随便再用些药膏，很快就会好的。"

妈妈回家后和奶奶说起了我的冻疮，奶奶说："活血膏对什么冻疮都有效果，我那几个孩子全都是用这个药治好了，我的手裂了也要用活血膏的，就放在柜子的最上层。你去拿来给孩子的脚上抹一抹吧，要仔细地把药膏都揉进去，不然会影响疗效的。"

晚上妈妈哄我睡觉时，对爸爸说："治疗冻疮的民间疗法也太多了吧。"

爸爸点了一根烟，边抽边说："我妈妈就是迷信活血膏，其实就是让血液流得更快一些，按摩、洗热水澡都是这个目的，当然按摩时再加点药膏至少可以起到润滑剂的作用。"

冻疮（三）——
医生的治法也不一样

爸妈给我选择治疗冻疮的方法是每天两次用热水浸泡双脚。

上午和晚上是我用温水泡手脚的时间。妈妈用毛巾将我的手脚擦干后，仔细地涂上活血膏后再揉一会儿。但即使是这样用心，我的冻疮还是一天天加重了，手指肿得硬硬的，脚趾也肿得没形了，一到晚上，又痒又痛。于是我的冻疮就又成了家里的"焦点"。

"你说用活血膏就会好了，但我又搓又揉的，宝宝的手脚却越来越肿了。"

妈妈用失望的口气对奶奶说。因为我的脚肿得没形了，妈妈很难再用活血膏给我做按摩了。我在家里用温水泡脚的盆都是用开水烫过的，不用担心感染问题，如果去公共浴池就难说了。所以，虽然奶奶还是建议每天再去公共浴池泡泡，妈妈最终还是没敢尝试，无奈之下就去了医院。

皮肤科的老大夫仅仅看了一眼我的手脚，就发话了："每天都来做做理疗吧，也就是用红外灯照一照。"

医生说完就忙其他事情去了，接下来就是护士阿姨的工作了，我的手脚在日光灯的照耀下显出吓人的紫色，照完后再用涂上油膏的纱布贴在冻疮上，那油膏凉得我汗毛都竖起来了。最后再用绷带将我的手脚分别缠起来，看上去像是受了严重的外伤。

"还能洗澡吗？"妈妈问道："不能。"医生的回答让妈妈觉得难以接受，对我来说不洗澡简直是不可能的。

我回到家也就忍了半个小时，手脚上的绷带就被我全扯下来了，我被束缚的手脚又恢复了"自由"。

而且，就在妈妈不在家的半天时间里，我还让奶奶带着去公共浴池洗了个澡。

晚上，妈妈回来担心我手脚发生感染，又带我去看了急诊，接诊的医生说："这么轻的冻疮，每天用温水泡上两次，再消毒贴上活血膏就可以了，不用缠绷带也可以，回去再戴个手套、穿上袜子吧。"

遗尿（一）——
打也没用

　　我还是每天都洗澡，但也没有发生手脚感染，而冻疮也一天天好起来了。

　　都说祸不单行，我连续两个晚上都把床尿湿了。白天如果玩得太兴奋，就有可能偶尔会尿湿裤子，但这一年半以来晚上我从没尿过床，也不知道这是怎么了。早上醒来，我感觉自己像是泡在水里，妈妈最先发现了情况："宝宝犯错误了。"

　　爸爸也起床了，过来一看，伸手就打了一下我的屁股，边打边说："要让你长点儿记性。"

　　虽然打得不疼，但我也大声哭了起来，尿床可是让我感觉很丢人的事情，既然我都知道错了，就不要再责怪我了。再说也不是我故意犯的错误，妈妈先告状，爸爸随后给予惩罚，我感觉太委屈

了，我是为我的委曲而哭的，妈妈的确一点儿也不理解我。

"你不能那样打宝宝，你看他疼得都哭了，哪里记得住尿不尿床啊。"

妈妈以为我是因为疼才哭的，妈妈也太不理解我了。爸爸也不会理解我，要是在他打我之前我因后悔尿床而哭，爸爸一定会认为我是被湿床单冰哭的吧。

"不打不成器，我不管对不对的，要让他记住：如果再尿床小屁股就会很疼。"

天下有这样的道理吗，就算是我记得尿床后小屁股很疼，但也不可能在黎明前的睡梦中停止我本能性的排尿啊。

我尿床这件事奶奶很快也知道了，因为她看见妈妈在清洗我尿湿的床单。

奶奶指着我的小裤裤说："不能再漏水了，要不然会熏倒我们的。"

这对我的刺激太大了，虽然仅仅是在无意识中排了一次小便。

晚饭时间到了，我却成了大家关注的对象，橘子只给半个，不能喝牛奶，汤汤水水也少了，在家里，大人们已经不把我再看成一个人，而仅仅是为了让我少排尿，这太让我感到羞愧了。睡觉前我的床单下面铺上了塑料布，还加了一个暖水袋。大人们所做的这一切都只为了我不再尿床，我也因此而紧张得迟迟不能入睡。

遗尿（二）——
限制水分

我异常紧张的情绪扰乱了我的神经系统，对排尿的控制比以前更差了，我又一次把床尿湿了，妈妈早上起床后最先发现了我的"糗事"。

"又尿床了吧，是哪个不乖的宝宝做的呢？"

"是天线宝宝尿的。"

我最近特别喜欢看动画片《天线宝宝》，所以妈妈一问，我就想到让他来替我承担错误。妈妈一听就笑了起来："哈哈，我服了你了，真的不是你做的吗。"

尿床这样的事确实不是我故意要做的，爸爸、妈妈和奶奶却认为我是个坏宝宝，我能依靠的人只有他们了，他们的不理解让我深感失望。

大人们一整天都在限制我喝水，晚上妈妈带我去公共浴池时，我像一个在沙漠中行走的人突然发现甘泉一样，对着浴池的放水管就要喝上几口。

妈妈看见了，急忙说："哎呀，这水是不能喝的，要不然你又该尿床了。"说着就把我从水管旁抱开了。

妈妈也太不注意保护我的隐私了，周围的人听说我尿床肯定会议论我的。

果然那个身上有针灸痕的胖大妈就对我妈妈说："这么大了还管不住小便，那可不行哟。遗尿症是要治疗的，艾灸效果不错，我听说灸个两三次就完全好了。"

　　妈妈说："谢谢啦，谢谢啦，你说那孩子可能是体质虚寒吧，我家宝宝主要是还小，没长记性，再长大一点就会好了。"

　　胖大妈说："长大一点儿是可以好，但要是还不好的话，可以试试艾灸。"

　　胖大妈走后，又有一个年轻的阿姨对妈妈说："遗尿可能是扁桃体肥大引起的，我还听说宝宝的肚子里有蛔虫也会尿床。"

　　妈妈说："去年吃过驱虫药了。"

　　年轻的阿姨说："那一定是扁桃体出问题了。"

　　公共浴池像是在举行关于儿童养育的会议，赞助者一定有艾灸生产企业和医疗机构。

　　妈妈听说我可能是扁桃体出了问题，就又开始担心起来。

遗尿（三）——
与智力不相干

妈妈的担心很快变成了行动，我又被带去看医生了，为求明确诊断，妈妈特意带我去了"名医"诊所，我上次肠梗阻就是在这里确诊的。

"大夫，我的孩子是不是有扁桃体肥大症啊？"

听完妈妈的话，名医老爷爷慈祥地走到我身边，让我张大嘴说"啊"。

我很顺从地张大嘴说了一声"啊"。

"扁桃体一点儿也不大。"

妈妈听名医老爷爷说完，接着说道："那就不是因为扁桃体肥大晚上才尿床的。"

名医老爷爷有些吃惊地说："有这样的事吗？我怎么没听说啊。"

妈妈说："这孩子有晚上尿床的坏习惯。"

名医说："你是为这个来的？"

妈妈说："是的，求你给治一治。"

名医说："这孩子不是还不满 3 岁吗？"

妈妈说："是的。"

名医说："没必要治疗。"

妈妈听了眼睛睁得更大了。名医接着说："小学生中也有尿床的，我听说二年级的一个班级中有 4 到 5 个人尿床。个别孩子从小就尿，在我看来，就是个体发育的不同，这其中既有聪明的孩子，又有笨孩子。虽说是笨孩子，也不是什么残疾，而且和大脑的发育是没有关系的。我的儿子 4 年级的时候还会偶尔尿床，但他脑子很好，大学学的是理论物理，现在在核能研究所工作。我看你还是不要治疗了，不然会给孩子带来不良影响。"

名医老爷爷喝了口水接着说："小孩子也是很敏感的，你这样治来治去的，他会很在意的。我的儿子在去小学的路上会特别注意别人家的院子里是否在晾晒被子，大概是想着只有尿床的孩子家里才会晒被子。在家的时候，给他哥哥晒被子也会让他很不高兴，可能是怕别人认为他又尿床了吧。小孩子是很可怜的，他们每个人的发育各有不同，父母应该做最了解孩子的人。每个小孩子既有长处，又有短处，如果只知道纠正短处，那么就会出大问题。父母应该多看看孩子的长处，对他的优点多加赞扬，时间长了，他的缺点自然也就改正过来了。"

肩关节脱臼——
疼痛麻痹

妈妈带我去商店买了好多东西，好在离家不远，妈妈和我一起边走边看，在路口遇到红灯，我们停了下来，来往的车流好长啊，终于等到了绿灯，平时妈妈都是抱我过路口，但今天因为东西太多了，只能拉着我过路口了，妈妈左手拿着刚买的东西，右手拉起我的左手说："绿灯了，快走，小宝。"

妈妈可能是太急了，拉我的力气大了些，我当时就感觉从肩部到手指像被电了一样失去了知觉。

"好疼啊。" 我大声叫了起来。我的声音把妈妈惊吓了一下，她急忙松开了手，我的左手也随之落了下去，整个手臂晃晃荡荡地失去了控制。于是妈妈从路口退了回来，抱着我以及买的东西来到路边的建筑旁。

妈妈一脸着急地握着我的左手，担心地问道："小宝，这是怎么了？"

妈妈刚一碰到我的左手，我就疼得往后缩，妈妈这才发现我的左手已经失去了控制。

妈妈叫了一辆出租车，直奔附近的一家儿科诊所。

刚见到医生，妈妈开口说道："我孩子的肩关节脱臼了，我刚才拉他过路口时有点儿用力过猛。"

医生一边检查一边问："看来是左手了，你看左手的方向都改变了，你拉他的时候是不是用力太大了啊？"

妈妈说："也没觉得太用力，感觉和平时拉他时差不多。"

医生说："你儿子现在的表现用医学术语就是——希氏征，需要拍 X 光片确认是否肩关节脱臼。"

我拍完片又等了 30 分钟，医生拿着片子对我妈妈说："不是肩关节脱臼，是因为肩周肌肉过度牵拉而引起的神经麻痹，可以先回家观察观察，一般过三四天就可以恢复正常了。这种病常见于两三岁的小孩子，摔倒时肩先着地，或者被大人用力拉扯都可能发生。你看他也不发热，病因也比较明确，也就不考虑其他感染性疾病了。"

吮手指——
那是我感到孤独

从我家的窗户望出去，可以看见邻家的几个小孩子在一块儿玩游戏，他们大概比我大几岁，我看出他们玩的游戏和我在东京玩的一样，用弄碎的砖块来做砂糖"买卖"。那时我一吃完晚饭就要出去和小朋友玩一会儿。现在的确是一个朋友也没有了，只有妈妈和奶奶可以陪我玩，但是她们不会陪我做砂糖"买卖"的游戏。我多想在这里交个朋友啊，和他们一起玩就可以把我的能量散发出去了。现在的我太寂寞了。

"喂，小宝，你可不能吃手指。"

是妈妈在说我呢，不知什么时候她走到了我的身后，接着说："为什么吃手指呢？多脏啊。"

我也不知道为什么，一个人发呆的时候，手指不自觉地就伸到嘴里去了。大概是因孤独而给自己的一个心理安慰吧。吮手指时，舌头和手指都有一种满足感。

妈妈忽然想起了什么，说："对了，小宝，你刚才用手摸过门口的拖鞋后没有洗手吧，必须去漱口。"

妈妈把我拉进了卫生间，让我漱完口，又找出酒精棉球给我的手"消毒"。

奶奶看了说道："是吃手指吗？要想让他不吃就给他戴上手套吧。"

"对，就这么办。"

妈妈找来她最近编的手套，两只手套用长长的线连在一起，妈妈把线搭在我的衣领上，我的两只手同时戴上了手套。

但是，这双手套却让妈妈和奶奶变得更不能离开我了。

奶奶会时不时地提醒我"不能吃毛线"。

妈妈则要时时注意我不要把手套摘下来，因为对我来说手指要比手套好吃多了。

由于吮手指完全是无意识的行为，正是因为有了手套，妈妈和奶奶对我的呵斥也多了起来。同时也成了她"监视"的对象。

这种被"软禁"的感觉对我的身心产生重大的影响，我又有了更大的"变异"。

口吃（一）——
内容比形式重要

　　不知从什么时候开始我变得口吃了。我口吃的表现是不能顺利发"ba"这个音，但是生活中这个音还是会经常用到。

　　"爸爸爸爸……爸爸。"

　　"爸爸爸爸……爸爸。"

　　"爸爸爸爸……爸爸。"

　　"八八八八……八角龙。"

　　这件事在家里引起了不小的风波。

　　奶奶总是会从遗传上找原因："我们家也没人有口吃的毛病啊。"

　　妈妈听了心里肯定不是滋味，我知道她的想法，我妈妈家里的人也没有口吃的呀。

　　"口吃人在面试时最丢人了。"这是爸爸的声音，他总是考虑得比较长远。也不知大人们是怎么想的，为什么小孩子一有点儿问题总要想到会影响一辈子呢。要是追究我口吃的原因，还不是因为妈妈和奶奶过多地限制了我的自由造成的吗？我一开口说话，神经就像被阻断了一样。但也不过只是一时的反应，等我心情完全放松的时候就会自愈了。爸爸和妈妈却总是在帮倒忙，每当我要开口说话的时候，他们总要先说上一句："张大嘴，慢慢说，慢慢说。"

他们这样一说，把我说话的勇气都打退了。再加上大人们目不转睛地盯着我的嘴巴，我的舌头也变短了。我想对爸爸说不要再这样可怕地看着我了。

"爸爸爸爸……"后面的话我怎么也说不出来了，大人们都围了上来，教我发"ba"音。

我知道他们是想让我不着急地把这个音发出来。但大人们这样的阵势让谁都会觉得害羞，还怎么发音啊。

奶奶在她的房间拿出了大伯以前订阅的育儿杂志，学习其中关于矫正口吃的方法。妈妈则想通过唱儿歌让我说话流利。爸爸也不甘落后为我查找矫正口吃的知识。

大人们真是不可思议，只看到我口吃这一表象，却不去深究其背后的原因。我要的只是自由而已。

口吃（二）——不用矫正

　　我前几天只是在发"ba"这个音时才有口吃，但是最近发其他音的时候也出现口吃的问题了。这可成了家里的大事，爸爸、妈妈、奶奶都觉得我口吃的症状加重了，他们的注意力都转到我的口吃上来了。我只要一开口说话，就要面对大人们期待和紧张的面孔。我感到有很大的心理压力，我逃脱这种压力的唯一办法就是变得更加沉默寡言了。

　　昨天家里来了个"大救星"，那就是早川奶奶，她以前对我的评价是爱顶嘴，但我现在却变成一个口吃的小孩子，我忍不住对她做了个鬼脸。

　　奶奶发现了，阴着脸对我说："你这孩子，不能这样对待客人，你口吃就是因为没礼貌造成的恶果。"

　　"啊，您孙子有口吃吗？我家的邻居就会矫正口吃，他原来是小学校长，帮助好多人治好了口吃、左撇子。你有时间的时候就去一趟吧，最近听说他在搞一个德育协会。"

　　早川奶奶的话像北斗星一样为我家指明了方向，今天妈妈就带我直奔那位小学校长的家。

在公共汽车站等车的时候，我听见背后有人打招呼："这么巧啊，又遇到你们了，胳膊恢复好了吗？这是到哪里去啊？"

我回头一看，是上次给我看胳膊的儿科医生，好像是出诊刚回来的样子。

妈妈像是又遇到一个救星，急忙说："孩子有口吃的毛病，我们这是去找个老师给矫正一下。"

医生说："就是那个小学校长吧。"

妈妈说："你也认识他吗？"

医生说："我和他是不打不相识，那是在报社发表的一个座谈会上，我发表的观点是口吃、左撇子都是与生俱来的，不需要矫正，但是这位校长却给报社写信反对我的观点，说他矫正好了许多小孩子的口吃与左撇子。"

妈妈说："您真的认为小孩子的口吃不用矫正吗？"

医生说："我是这个观点，小孩子口吃并不少见，多数是由于心理上的原因。左撇子可以通过强制的方法给予矫正。但对于口吃你就不用这么用心了，心平气和地对待他，当小孩子对自己的口吃不再注意的时候，口吃自然也就矫正过来了。"

弹玻璃球——
孩子也有群体意识

　　妈妈听了儿科医生的话，没有带我去做口吃矫正。奶奶知道了很不高兴，她准备去找那个儿科医生理论一番。奶奶从儿科医生那里回家以后也改变了看法，这让我对儿科医生很是佩服，他们要面对不同年龄段的妇女，并具有改变她们错误观念的能力。

　　儿科医生改变了我周围人的观念，不再管我是不是吃手指，也不再关注我说话时是否有口吃。当我说话有结巴的时候，大人们都装出不在意的样子，也不影响我和大人们的交流。人类的互相理解是良好关系的基础，如果只想着给别人矫正口吃，就像是在人与人之间关上了一道闸门，交流也会受到影响。

慢慢的我也忘记了我的口吃，而且吃手指的时候也越来越少了。这是因为我"宅"在家里已经不再寂寞，我可以加入邻居小朋友的团体中去了。

京都的街道很有特点，既有宽阔的马路，又有窄窄的巷子，这是高房价造成的恶果。巷子里通行的人很少，就像一个公共的庭园，成为周围孩子们的活动空间。

小孩子在马路上玩是很危险的，所以巷子成了他们的天堂。这里没有水泥硬化的路面，长着一些无名花草，中午暖暖的太阳照着，正是孩子们玩过家家游戏的好地方。

小朋友们最近在巷子里常玩的游戏是弹玻璃球，每个参加游戏的小朋友拿出3个玻璃球放在地上画的三角形里，然后从远处弹出自己的玻璃球，如果能够把三角形里的球碰出来，那个球就归你了，但要是你弹的球被其他小朋友弹中的话，你就必须出局，换其他小朋友继续玩。

我连续观察了3天才学会游戏的规则。最后我能参加游戏还要感谢一个过路的阿姨。

她大概是看出我太想玩了，于是给其他小朋友提议说："这个小朋友是新搬来的，你们一块儿玩吧。"

小朋友们不再把我当成外人，领头的小源和其他小朋友商量后，对我说："你也去买些玻璃球来玩吧，巷口的杂货店里有卖的，10块钱20个。"

杂货店——
儿童之家

"妈妈，给我 10 块钱。"

这是我第一次跟妈妈要钱，她听了很吃惊。

"要钱干什么呀？"

"去杂货店买玻璃球。"

"小孩子是不能要钱买东西的。"

"小源哥哥让我买玻璃球，和他一块儿玩。"

奶奶明白我的心思，她过来对我说："哦，是想下去玩弹玻璃球呀，奶奶赞助你 10 块钱。"

我拿着奶奶给的 10 块钱出去找小源，小源看我拿钱来了，让我和其他小朋友排好队，整齐地向杂货店走去。

我第一次到杂货店来，里面好玩的东西太多了，都是我想要的，和大商场的玩具完全不同，这里的东西又便宜又好玩。

　　小源把我的 10 块钱给了穿和服的女老板，说道："买 10 块钱的玻璃球。"

　　我得到了 20 个玻璃球，然后，和其他小朋友恋恋不舍地离开了杂货店。

零花钱——
为什么不能自己拿

　　杂货店是小孩子的乐园。小朋友们总是想办法从大人那里获得些金钱奖励，不耽误妈妈做家务可以奖励 10 元，安静地一个人玩一小时可以奖励 10 元，帮爸爸买盒烟也可以奖励 10 元。有了零花钱的小朋友就会聚集在杂货店里，一会儿看看这儿，一会儿摸摸那儿，不知道该买哪个好。

　　这时杂货店的老板总是会催促小朋友："到底要买哪个，快点儿做决定！"

　　小朋友们最终还是自己下了决心，这对他们来说是一个特别快乐的过程。我们小孩子平时是没有决定权的，家里的玩具都是大人给买好的，即使在商场里买玩具也是由妈妈做决定。

　　这次巧妮买了 5 个两元

钱的东西后，又把剩余的零钱全部出手了，她买了许多牛奶糖，多的两个小手里都放不下了，她给我们每个小朋友都发了一块，只有小源哥哥得到了两块，看来这就是当领导的好处吧。

我们吃着牛奶糖，在巷子里玩着弹玻璃球的游戏，一直到天黑才回家。

回到家里，我也想找一些零钱，当我拉开奶奶的抽屉时，发现有个10元的硬币，于是伸手拿了出来。这时背后突然响起妈妈的声音："小宝，奶奶不在的时候，你怎么能拿她的钱呢。"

我回头一看，妈妈正生气地看着我呢，显然是不同意我拿走这10元钱，我把硬币还给妈妈的时候，奶奶进来了，妈妈立刻拉着我对着奶奶说："快过来给奶奶道歉，奶奶不在的时候是不能拿奶奶抽屉里的东西的。"

奶奶看妈妈生气了，她却变得和颜悦色起来："下次不做就是好孩子了，你想要钱的时候跟奶奶说一声，我就会给你的。"

奶奶说完，又把10元硬币递到我手里。奶奶对我最好了，只要妈妈对我发火，奶奶总是会保护我。

这样一来，我更加不明白为什么家里的钱不能随便拿呢。

我想起了早上爸爸自己也在取抽屉里的东西，好像是个手绢，他也没有告诉妈妈，妈妈为什么不生气呢？

自己买零食——
管不住嘴

"哎，当家的，你儿子都知道自己从抽屉里拿钱了。"

看到爸爸也进来了，妈妈就又告了我一状。

爸爸一边摘领带，一边转过身来对我说："小宝，你要钱干什么呀？"

"妈妈把我的 10 块钱拿回去了。"

妈妈解释道："你这么小，不能自己去买东西，再说，你买的肯定都是零食。"

爸爸像是有很多话要说，但看到我天真的样子，大概是考虑到教育的效果，轻轻地点了点头，就去吃饭了。

晚上当我快要进入梦乡的时候，我隐约地听到爸妈又在议论我白天干的"坏事"。

爸爸说："小孩子自己拿钱是不好，但他也不懂得对错，只要是他能够着的东西他都会拿，我看以后把家里的零钱都收起来不就好了吗？"

妈妈说："你这是典型的粗放式管理，你看看家里，零钱要有地方放吧，你我的钱包要有地方放吧，就算都藏好了，也不能让小宝一分钱都见不着吧，周围的小朋友都有零钱去买零食，我们的儿子的确什么也没有，会影响他的自尊心吧。”

爸爸说：“能不能以后不和周围的小孩子一块儿玩啊。”

妈妈说：“我们一开始不就是这么做的嘛，但是自从结交了周围的小朋友以后，我发现他也不口吃了，也不吃手指了。以前没来京都的时候也交过不少好朋友，这对小孩子的成长很有好处。你看儿子现在是既开朗又活泼。”

爸爸说：“要不还和以前一样，你把其他小朋友都请到家里来，由你来给他们做点心吃。”

妈妈说：“以前住的是高档小区，妈妈们都有时间，现在周围住的什么人都有，不可能都有时间做点心。”

爸爸想了好长一段时间，又说：“买零食也没什么不好吧。”

妈妈说：“杂货店的零食能有什么好东西啊，散装的食品，既没品牌，又不卫生，还添加了对身体不好的色素。”

爸爸说：“你这就有点儿脱离人民群众了，我们要从小就给孩子平等的意识，还要教育他怎么花钱。要让他知道杂货店为什么不好，特别是要教育他管好嘴。咱们能不能把杂货店当做一本教材，让儿子学习一些食品安全的知识呢。”

杜绝零食——
方法不对

妈妈说:"你是越扯越远了。"

爸妈的交谈又回到了不让我吃零食的主题上。

妈妈说:"在当前的社会,不可能要求杂货店卖符合严格卫生标准的食品,他们都是些小本生意,好东西价格高,在这里难以卖出去,小店很快就会关门的。色素多的食品保质期长,因为色素有抑菌的作用。"

爸爸说:"你快想想办法呀。"

妈妈说:"我有办法了。"我实在太困了,妈妈后面说的话都记不住了。

第二天,妈妈一大早就发生了"变化"。

"小宝,给你 10 块钱,去杂货店买些吃的吧,别忘了给我带一些。"

这真是变了天了,我也没想太多,拿着钱就出去了。

"老板,我买 10 块钱的东西。"

我把钱递给老板的时候还没想好要买什么东西,但是她收了我的钱后说:"给你些牛奶糖吧。"说着拿了一盒牛奶糖递给我,我只顾享受购物的快乐,忘记自己最喜欢什么了。

我拿着盒子回到家，对妈妈说："给妈妈吃。"

妈妈表扬我说："真棒！小宝会自己买东西了，下次我们去百货大楼买东西。"

正说着，奶奶也过来了。

"好孙子，能买东西了，一个人去的，给奶奶看看买什么了。

妈妈和奶奶都结成统一战线了，这真有点儿不可思议。接下来妈妈的行动更是不同寻常，她做了许多好吃的小点心。我吃着有些明白了，妈妈这是想让我"乐不思蜀"啊。

妈妈的阴谋是不会得逞的，我在杂货店得到的是独立自主的精神满足，而不是贪图那些食品的味道。

脑膜炎——
疗效明显提高

　　小源哥哥病了，妈妈带回来的消息更加可怕，听说他得了脑膜炎。

　　前天和小源一起玩玻璃球时，他足足赢了我 10 个球，精力很是旺盛，听说昨天早晨开始头痛，接着就病倒了，据说到了中午意识都不清楚。

　　晚上，妈妈带我去公共浴池，大家谈论的话题自然是小源的脑膜炎。

　　嗓门最高的当然是背上有火罐印的胖阿姨："小源的病真的是脑膜炎吗？"

　　大同的妈妈回答说："我刚好去他家取点儿东西，正赶上医生在他家出诊，好像是把针扎到脊柱上，取脑积液化验呢。"

　　胖阿姨听了，叹口气说道："要想诊断脑膜炎，必须化验脑积液，我生的第二孩子就死于化脓性脑膜炎，当时抽出来的脑积液都成乳白色的了。这种病太可怕了，不死也会变成傻子的。"

　　浴池里的人都沉浸在一片痛苦之中。

　　这时一个苍老的声音传了过来："那都是老黄历了，

现在有救了。"

说话的是一个老奶奶，她正在带一个六七岁的小姑娘在洗澡。

老奶奶接着说："现在医学发展了，脑膜炎不再是致命性疾病了，化脓性脑膜炎有了特效药青霉素，结核性脑膜炎只要诊断及时，也可以不影响智力发育。前提是要用链霉素，只是此药物有副作用，听力受影响的小孩子不少见。"

老奶奶的话太有医学专业性，其他人一时都无话可说了。

老奶奶穿好衣服离开了，大同的妈妈小声对我妈妈说："我认识这个老太太，她孙女就是得了结核性脑膜炎，但是治疗得很彻底，也没有留下一点儿后遗症。"

妈妈听了很是吃惊，她望着老奶奶和小女孩的背影，忍不住问了一句："结核性脑膜炎是怎么得的呢？"

"小女孩的爷爷是肺结核，整天咳嗽带喘的，据说小女孩是被传染的。"

流行性腮腺炎——
可发展成脑膜炎

　　小同妈妈来我家串门时又带来了一个重大消息："小源得的不是细菌性脑膜炎，因为今天医生发现他的脸颊肿了，所以肯定是流行性腮腺炎。"

　　妈妈听了有些着急，她对奶奶说："咱们的小宝也有危险啊，小源得病前和他一块儿玩了一整天，该不会被传染上吧。"

　　奶奶听了也是一脸担心地说："还是去找医生问问吧。"

　　妈妈带我去了她最信赖的儿科医生那里，正好患者比较少，马上就排到我们了。妈妈语速很快地对医生说："医生，我儿子的一个玩伴前天因为脑膜炎病倒了，今天才确诊是流行性腮腺炎，这不就是误诊吗？我儿子可能要被传染了。"

　　医生最讨厌说误诊了，他略带不满地回答道："还不能轻易说误诊吧。流行性腮腺炎可能发展成脑膜炎什么的，有些流行性腮腺炎的表现是病毒先攻击脑膜，然后才出现疹腮，这种病如果不出现疹腮，是很难确诊的。在这种情况下说医生误诊，确实让人难以接受。"

　　"疹腮引起的脑膜炎会死人吗？"

"不会死人的，教科书上写着可能会留后遗症，但实际发生率是很低的。"

"所有的痄腮都会发展成脑膜炎吗？"

"没有具体的统计数据，感觉有 1% 左右吧。有些孩子得了流行性腮腺炎并有腮腺肿胀，可能仅有感冒样症状，这在半岁到 1 岁的婴儿中最常见，这样的孩子在自愈后就有了终生免疫力，再也不会得痄腮了。"

"那我家的孩子还会得痄腮吗？他可是一直在和那个得痄腮的小源一块儿玩呢。"

"那我也不好回答，痄腮在出现症状前的一周内都具有传染性，就看你的孩子有没有免疫力了，要查有没有相应的抗体可不是轻易就能做到的。再观察 3 个星期就可以得到答案了，如果真的被传染上也没什么可怕的，这种病每个人一生只得一次，而且在小时候得了是最好的。现在再给注射丙种免疫球蛋白之类的药物已经没有预防的作用了。"

流行性腮腺炎——
每天给腮腺做体检

我每天早晨醒来要做的第一件事就是接受妈妈对我的"检阅"，她仔细地查看我的脸颊，还要征求爸爸的意见："当家的，你也起来看看儿子的耳朵下面到底肿不肿啊。"

爸爸半睡不醒地回答道："你看看就行了。"

"你怎么这么不负责任呢，我们要是晚于奶奶发现腮腺肿，那可就麻烦了。"

爸爸一听到会影响妈妈和奶奶的关系，急忙爬了起来，捧着我的脸看了又看，"我想也没什么变化啊，再说肿多少才能说是肿呢，我可不知道，这样来诊断腮腺炎可是太难为人了。你决定要做这样的腮腺体检需多长时间呢？"

"潜伏期3周，还要再观察两周。"

"也太长了吧，再说这病又不严重，早期发现有什么价值吗？"

"早期发现对治疗有好处，再说还可少传染别人。"

妈妈虽然认为爸爸的疑问用道德的标准来看就可以回答了，但是她也不能确信。我又被妈妈带着去看那个儿科医生了，医生一见面就对妈妈说："你也不用这么频繁地来我这儿，如果孩子的脸不肿是不能诊断流行性腮腺炎的。"

"但早点儿看医生不是可以好得快点吗？"

"也不能那么说，流行性腮腺炎是没有什么特效药的，主要是卧床休息，进食易消化的食物。你还担心会并发脑炎，但具体的发生原因还不是很清楚。大一点儿的男孩子得了流行性腮腺炎后容易并发睾丸炎，但是目前医学还没有预防的办法。"

"那么说找医生什么问题也解决不了？"

"也不完全对，你认为的流行性腮腺炎还可能是其他病。医生可以鉴别诊断。"

"这样一来，我们每天都关注孩子的脸颊还有必要吗？"

"每天都盯着不放也没必要。在感染后 3 周时测量一下体温就可以了。当然也有不发烧的，也有烧到 40 度以上的。有的右边先肿，有的左边先肿，也有的两边一起肿，有的是耳朵下面发肿，也有的只是下颌的淋巴结肿大。总之，你还是过两周再来看吧。"

欺负小女孩（一）——
只是轻轻碰了一下

自从小源生病后，我们这群常在巷子里玩的小孩子就群龙无首了，泰造和健次都想争着当老大，泰造比较稳重，健次鬼点子较多，老大的位置自然就落到了健次的头上。但泰造也不甘失败，他开始了金钱外交。原因是他叔叔从九州来京都旅游，住在泰造的家里，泰造帮叔叔做事可以拿到小费。昨天，泰造就带我们去了3次杂货店，他买的好吃的东西都分给了我们。

"去杂货店买吃的了。"泰造凭借这句话就把我们征服了，他当上了老大。我和小娇本来就小，只知道随大流，所以泰造和健次都在通过物质拉拢我们。

早上我们一起玩弹玻璃球时，健次把泰造的玻璃球都赢了过来，健次分别给我和小娇分了3个玻璃球，泰造的权力受到了极大的挑战，他看大势不好，就不想再玩了，他说："今天就玩到这里了，都回家去吧。"他拉着小娇的手就要离开。

健次不愿意执行泰造的单方决议，他叫小娇不要走，我也是不愿意这么早就解散回家，就想追过去把小娇拉回来，一伸手就揪住了她的头发，小娇"哇"一声哭了起来，我第一次听她这么大声地哭，吓得赶紧松开了手。小娇就飞快地跑开了。我觉得太有意思了，怎么一揪小女孩的头发，她就会哇哇直叫呢？像是摁了报警铃一样。

夕阳下山的时候，我看见小娇正站在我家门口玩她的布娃娃，于是跑出去从后面揪了一下她的头发，我是想再做一次摁门铃似的表演。这次小娇仍然大声哭着跑开了。妈妈从家里出来看见了这一切，她抓住我的右手，边打边说："不能欺负小女孩。"

妈妈也太过分了，我只不过是轻轻碰了一下小娇的头发，她就发出那么大的哭声，真不想再理她了。

欺负小女孩（二）——
男儿本色

"你家的小男孩揪我家小娇的头发了，希望你能教育他以后不要这样做了。"

一大早，小娇的妈妈就来我家告状了，妈妈低着头，不停地向她道歉。

小娇的妈妈走了以后，正如我所预料的一样，妈妈把我叫了过去。

"你昨天又欺负小娇了吧，看我的，揪一下你的头发怎么样，揪了啊。"

妈妈说着，一把揪住了我的头发。

"不疼啊，我是坚强的宝宝。"

我这么能忍，妈妈却不表扬我。奶奶听见了从里屋走了出来："美奈子，已经都批评过了。小男孩在这个年龄都喜欢揪小女孩的头发。小娇的事就不说了，她的哥哥也经常揪我们家老大的女儿的头发。这样吧，小宝，奶奶又攒了些面包渣，我带你去寺院喂鸽子，顺便再捐点香火钱。"

最后这句话是奶奶看着妈妈说的，我要想从小娇爱哭这件事里解脱出来，只有和奶奶一起去佛家的寺院了。

但是我依然不能从小娇的这个事件中完全解脱出来。晚上到楼上睡觉的时候，妈妈在例行的每日行动汇报中向爸爸又一次提起这件事："你这儿怎么能欺负小女孩呢。不能欺负小的，不要给他再买牛奶糖了。"

　　爸爸很生气地看着我，哼，还说什么不欺负小的，我还这么小，爸爸这不也是欺负小小的我吗？

　　"牛奶糖，我可以让奶奶给我买。"

　　"噫，学会顶嘴了。"

　　"你刚才这样对他是没有用的，他一点儿也不明白。"

　　"这小子，揪女孩的头发，是不是有什么心理问题啊。"

　　"不是吧，男孩子好像都喜欢这么做，这大概是本性吧，一听见女孩哭就高兴。"

　　"别发表什么奇怪言论了。有这时间还不如看看最近买的儿童心理学的书，我记得有欺负小孩子的内容。"

　　"是的，有这样的内容。说是因为欲望得不到满足，也可能是对家庭暴力的反抗。我们家对这小子可够优待的了。"

　　"心理学解释什么都是欲望得不到满足，欲望得到充分满足的孩子哪里有啊。等他再长大一些，想法和要求更多的时候，那可怎么办啊。"

是流行性腮腺炎吗——
没有疰腮的症状

　　如果我真的被小源传染上流行性腮腺炎，那么这一周我就应该表现出疰腮的症状。儿科医生还说过疰腮症状出现前一周有可能会传染给其他人。爸爸妈妈从公共道德的角度考虑，决定让我在家里隔离一周。

　　妈妈为了不让我碰到其他小孩子，每天早上都带我一个人出去走一会儿，然后回家看画本、搭积木或者玩消防车模型。

　　这样的日子过了四五天后的一个早上，妈妈摸了摸我的额头说："好像有点儿发烧，但是脸颊一点儿也不肿啊。"

　　爸爸叹了口气说："终于还是得了流行性腮腺炎，我可是每天都给儿子买小礼物的啊。"

　　"你就知道考虑自己，也不想想儿子的病，要知道疰腮会诱发脑膜炎的。"

　　妈妈用儿科医生的话来吓唬爸爸。

　　"真的有这么危险，那尽快去看儿科医生吧。"

　　"这种病有传染性，还是先打个电话约好时间后再去吧。"

妈妈给我约的时间是儿科医生看完上午的病人以后，大约在 1 点钟我们到诊室。"大夫，你说得太准了，刚好是在 3 周后的今天，我儿子开始发烧了，你说是流行性腮腺炎吧，但他的脸颊为什么一点儿也不肿呢。"

　　医生听了笑着说："流行性腮腺炎大都在发热的同时出现脸肿，也有的人先出现发热。"

　　医生说完靠近我，仔细检查了我的脸和头顶，他的表情变得严肃起来，说："夫人，你把孩子的上衣全都脱下来吧，我觉得症状有点儿奇怪。"

水痘（一）——
头皮上也有皮疹

　　妈妈发现我的胸部有五六个小红点，着急地说道："啊，是被什么虫子咬了吧。"

　　"不是被虫子咬的，这是水痘。"

　　"啊"。妈妈又紧张地啊了一声，她只注意观察我的脸颊是否肿大，没有注意我身上的变化。

　　"那就不是流行性腮腺炎啦。"

　　"可以确定说，这是水痘。你看看身上这些小红点，特别是后背上的已经出现水疱了。你再看看头皮上也有了皮疹，这是水痘的典型性表现。来，小宝，说个'啊'。"

我知道这个医生从来不会疼我们小孩子，于是顺从地说了一声"啊"。

　　"你看他的上颚也有小红点，这也是水痘的特点。秋季多发的黄水疮与水痘有些相似，但头皮和口腔是不长黄水疮的。"

　　"怎么会这样，大夫，这可怎么办呀。"

　　"不用担心，这种病好治，而且以后不会再复发。"

　　"要是流行性腮腺炎和水痘碰到了一块儿不就麻烦了。"

　　"很难发生这种情况，那是完全不同的两种症状。"

　　"体温还会再升高吗？"

　　"也许会再升高吧。但我知道有的流行性腮腺炎病人体温到了40度还去学校上学呢。"

　　"不会有生命危险吧。"

　　"不会的。"

　　"有没有特效药啊。"

　　"没有什么治疗的药，那些治疗病毒性疾病的药也没有效果。"

　　"不吃药怎么能好啊。"

　　"过了一定时间自然就会好了。水痘至少5天到一周。流行性腮腺炎要一周或10天。"

　　"水痘会留疤吗？"

　　"会有一点，但肉眼几乎看不到。这不是什么大不了的疾病。要不你看看孩子的脸。孩子怎么不见了，跑哪里去了？"

我趁着医生和妈妈说话的时候，离开座位，走到了医生的背后，我发现椅背上挂着听诊器，我试着拉了一下上面的橡皮软管，结果把听筒给拉掉了。

　　"你看，这小子活跃得很，这样的小孩子发烧了也不知道休息。"

水痘（二）——
各种各样的皮疹

看完医生回到家，妈妈首先帮我剪了指甲，那是因为医生担心我用手挠身上的水痘时，抓破后容易感染，所以才让妈妈去做的。午饭和晚饭我都没食欲，只是喝了不少的牛奶。

到了晚上，我觉得浑身发痒，根据医生的指示，妈妈在我身上涂了些药膏。我感觉好了一点，和爸爸一块做起了赛马游戏，后来竟然忘记了身上发痒。

第二天，皮疹出得更多了，几乎全身都是，有的是水疱，有的是小红点，有的是破了结的痂。症状就是痒，妈妈隔着衣服不停地拍打我，让我的痒分散了一些。但口腔黏膜疼痛就没办法了，口水还特多，刺激性的食物一点也不敢吃，就连碰一下米粒都会疼。喝牛奶也只能用吸管了，妈妈给我榨了些橘子汁，但一喝也有刺痛感。苹果汁就不会刺激得那么厉害，我试着喝了几次。体温始终在 37—38 度之间。

到了下午的时候，我感觉尿道口有点痛，一解小便就痛得更厉害了。妈妈担心再出什么问题，出去给医生打电话咨询了一下。不一会儿回来又仔细检查了一下我的皮疹，又去给医生打电话了，这大概是医生要求的吧。

妈妈回来后，奶奶有些不满了。

"为什么不让医生过来看看。"

"不需要，医生说水痘是自限性疾病，不用治疗，到时间就好了。医生还说尿道常常有皮疹而出现疼痛症状。"

"怎么就不能来出诊呢。不行就换个医生吧。我发烧的时候，医生每天都出诊两三次，而且还需要打针。宝宝的病真的没事吗？"

相对于奶奶的担心，妈妈还是比较乐观的。

"育儿书里有水痘诊治的内容，和宝宝的表现是一样的。"

"现在的人和过去的人不一样了，可以从书本上学东西，我刚出嫁的时候是不让读书的，孩子生病了只能听长辈的，让去叫医生就去叫医生。与现在不同的是，过去的医生一叫就到，而且来得比较快。大阪的医生也不少，有病的时候就给三四家诊所打电话，谁先来就让谁看。来晚了的医生脸上就挂不住了。医生出诊就像长跑比赛一样，去晚了就会被人家说，'不用了，我已经找别的医生看了'。"

发低烧（一）——
颈部淋巴结肿大

正如医生说得那样，我的水痘过了一个星期就基本好了。身上的小水疱都干了，嘴里不也痛了，我又恢复了以往的活力。只是一些大的水疱上还有一些黑痂，额头上也有一个小坑没长平。

看似要肿起来的腮腺最后也没肿，想想医生的话，说明我没有被传染上流行性腮腺炎，或者是因为我有免疫而没再发病，不管怎么说，疖腮这一关算是闯过去了。

妈妈仍然保持警惕，每天早、中、晚给我量3次体温，终于在一天下午测出我的体温37.2度。

三十七度二

等爸爸下班到了家，妈妈就迫不及待地说："他爸，可不好了，小宝发低烧了。"

"什么，发低烧，不可能，结核才发低烧呢。我们以前不是去过结核病研究所吗，让孩子一个月以后做结核菌素试验，如果是阴性，就可以注射卡介苗。"

"想起来了，我太粗心了，忘了带孩子去做结核菌素试验了。家里也没有得结核病的人，我以为没有被传染的风险，也就大意了。"

"那就是说卡介苗也没有去打吗？"

"是的。"

"小宝要是真得了结核，那么你的责任可就大了。"

"这不是还没确诊吗？"

虽然是妈妈最先发现的问题，但是错误是她犯的，她说话也就不那么自信了。

这样的话题我是不参与的，当我要走出房间的时候，妈妈又把我抱了回来，我挣扎着说："出去玩。"

爸爸在一旁像是有重大发现一样，大声说："你看，小宝的脖子上怎么有疙瘩呀？"

因为我伸着脖子，爸爸看得很清楚，妈妈急忙放下我，用手一摸我的脖子，也大叫起来："两侧都有啊，像绿豆那么大，一定是肿大的淋巴结，难道真是淋巴结核。"

发低烧（一）

发低烧（二）——
不是淋巴结核

"大夫，小孩子得结核了，还发低烧，脖子上也有小疙瘩。"

妈妈有些伤心地对儿科医生说道。

"见猫就是虎，你怎么知道是结核，找谁看过了？"

儿科医生严肃地问道。

"还没去看过医生呢，发低烧，脖子上有疙瘩，还能是其他病吗？"

"脖子上有疙瘩，让我看看。"

妈妈让我伸着脖子，又把衣服的领口往下拉了拉，但医生的确不着急，他慢慢地将双手搓热，放在我的脖子两侧，用力地摸了摸。

"就是这些小疙瘩吗？"

"是的。"

"这就是正常的淋巴结，在瘦一点的孩子身上都可以摸到，这不是淋巴结核。"

"但是以前在我儿子的身上是摸不到的。"

"以前也有，胖的时候你是摸不到的，因为都被脂肪盖住了，最近他刚得了水痘，不好好吃饭，脂肪也就变少了。"

妈妈听了，稍有安心，但仍有疑问："那发低烧是怎么回事。"

"这就是你跟不上时代了。"

医生的话让妈妈脸色一沉，她以为是说她的着装，不由自主地上下打量了一下自己。医生笑着说："古人一说花就是樱花，一说鱼就是鲷鱼，一说发低烧就是结核。结核发低烧那是很久以前的事了，一般是在下午，体温升到 37.4—37.5 度时，脸蛋红红的，像是肺病一样，其实是肠结核。现在肠结核没有了，这样发烧的人也少了。再说小孩子患结核也不是都发烧，也有不少肺部淋巴结核不发烧的。有些结核发起烧来就不是低烧了，最高可到 38—39 度，像感冒或肺炎一样。"

妈妈听说低烧不一定是结核就放心了，想了想，又问道："那发低烧是什么病呢？"

医生说："那有可能不是什么病。"

发低烧（三）——
结核菌素试验

医生说发低烧不是病，这一点很难让妈妈信服。

"我儿子的体温已经超过体温计的线了。"

医生平静地回应："你说的是体温计上的红线吧，那是工厂生产时随手画上去的。小孩子的体温一定要低于37度这种说法本身就有问题。你不信去幼儿园或小学调查一下，有五分之一到三分之一的小孩子体温在37度以上。活泼的孩子体温也高，新陈代谢旺盛罢了，我听说有的学校发现这些体温超过37度的儿童后，统一服一些肝油，那肯定是收了药厂的好处费。"

"那低热都是生理性的吗？"

"也不能那么说。人的体温是各不相同的。有的孩子37.2—37.3度，有的孩子不足36度。体温在36度的孩子，如果升到了37.2—37.3度，就可能是有问题了。但也不尽然，总之，发低烧不一定都是病。"

"那怎么区别是病还是生理现象呢？"

"医生会帮你做出诊断的。谢谢你的拷问。"

妈妈也笑了起来，她刚才紧张的情绪完全消散了。

"那下面就请医生帮我们诊断一下吧。"

"你的拷问总算完了。那你儿子接种过卡介苗吗？"

"没有，去年要去接种的时候查了一下结核菌素试验，结果是假阳性，医生让我们过一个月后再去查一次。"

"后来又去查了吗？"

"没有。"

医生有些可惜地说道："你这当妈的太粗心了。"

"是太大意了。"

妈妈对医生表达了愧疚，医生有点不好意思了："你不要对我内疚，你再带孩子去做一次结核菌素试验吧，如果是阴性，那么就不是结核，如果是阳性就不好说了。"

自然转阳（一）——
妈妈的错误

医生说如果做结核菌素试验是阳性就不能保证低烧不是结核。妈妈对这种可怕的结果很是担心，我做完结核菌素试验后，妈妈整天都盯着我不放。第二天，妈妈发现我胳膊上的穿刺点又红又肿，她立刻没了主意。家里出了事，妈妈总是要和爸爸商量，以便两个人共同分担。有时，妈妈还会耍些小聪明，把大部分责任都推到爸爸身上。这次妈妈要承担更多的责任了，因为是她忘记了医生让我再做一次结核菌素试验的事，从而导致了目前的窘境。

晚上，爸爸发现了我胳膊上的小红点，先说话了："唉，看来是阳性的结果，自然转阳了。"

妈妈说："还不能完全肯定，因为阳性反应要持续两天才能下结论，现在还早。"

第二天早上，我胳膊上依然呈现又红又肿的反应。

妈妈先道歉："结果真是阳性，我犯大错误了，对不起了。"

"别提了，也不全怪你。再说治疗结核病药的疗效还是很好的。我们公司有个同事得了结核病不到半年就回公司上班了，坚持吃药就完全治好了。现在结核病已经不那么难治了。"

这次真是不一样了，妈妈强势的时候，爸爸也强势反击。妈妈弱势的时候，爸爸却没有进一步攻击。不要对弱的一方穷追猛打，这大概就是夫妻和平相处之道吧。

妈妈想起了前几天在育儿杂志中看到的知识，说："孩子在没打卡介苗以前出现结核菌素试验阳性，是自然转阳，这样的情况并不可怕。也就是这一年要小心一点儿，注意不要出现脑膜炎，不要带孩子去洗海水浴。"

"与其在家里担心，还不如去问问儿科医生，这样最放心了。"

妈妈受到爸爸的鼓励，一大早就带我去儿科诊所了。来得太早了，诊所没有病人，儿科医生仔细看了看我胳膊上的小红点，还用尺子量了量大小，最后很肯定地说："没错的，就是阳性。"

前天，他还跟妈妈说发低烧及脖子上的小疙瘩与结核没关系，今天又说结核菌素试验呈阳性，妈妈像是受到了惩罚："大夫，真的是得了淋巴结核病吗？"

自然转阳（二）——
什么时候转阳的

妈妈认为我的结核菌素试验呈阳性是引起颈部淋巴结肿大的原因，她感到犯了大错误。但是医生却始终认为脖子上的小疙瘩不是问题。

"你这是又在考我的专业知识了。我要反问一下，你儿子上次做结核菌素试验呈假阳性是什么时候？"

"那应该是在他一岁四个月的时候，距现在有一年半的时间。"

"间隔了这么长时间啊，保健科后来不是组织过一次结核菌素试验吗？"

"是的，是组织过一次全民体检，但是那天孩子的奶奶有些头痛，我们全家都没参加。"

"唉，你要是带他参加那次全民体检就好了，现在弄不清楚是什么时候转阳的。"

"只看到转阳还不能确诊结核吗？"

"儿童结核一般是在感染后半年内发病，如果转阳在半年内的事那就是结核。转阳半年以上才发病的人还没有遇到过。所以如果你儿子转阳超过半年就可以放心了，但要是半年内转阳的，还存在有结核发病的可能。"

"拍个胸片能确诊结核吗？"

"如果肺部有阴影，片子上就会显像，但如果胸片上什么也没有，那还是不知道是否传染上了结核。"

"胸片上没有发现病变那不是很好吗？"

"也不尽然，胸片也不能保证完全准确，如果病变被心影挡住了就不好说了。"

妈妈想了一会儿，又对医生说："大夫，要不先拍个胸片看看再说吧。"

医生回应道："我也是这么想的，即使试验呈阳性，可能胸片上什么也没有，那也是没办法的事情。其中的道理你都懂了。"

妈妈被表扬得都有些不好意思了。上一次我做结核菌素试验呈轻度阳性反应时，胸片显示肺门淋巴结核，但断层扫描后什么也没发现，最后虚惊一场。如果这次不拍胸片就不能下诊断。妈妈理解了医生的意思，带我向 X 光室走去。

自然转阳（三）——
口服抗结核药

第二天，我怎么也不想再去儿科医生的诊室了。因为昨天拍完胸片后我还是挨了一针。医生和妈妈都说不用打针，但为了查血液还是得扎一下，这和打针有什么不同吗？不都是让我疼得掉眼泪吗？

"今天没有什么要处理的，让小宝去休息区和护士玩一会吧。"

医生看我进入诊室有些害怕，就和颜悦色地对妈妈说道。我听懂了她的意思，拉着妈妈去了休息区，那里有许多玩具，我最喜欢的就是那辆红色卡车了，这辆玩具车肯定是很早以前买的，现在商场里都没有卖的了。我像是进了博物馆一样，特别喜欢这里。

我虽然在玩，但医生和妈妈的对话我全都听到了。

"胸片没有任何异常，正、侧位都拍了，都很正常。血液也没问题，从临床表现上看，现在小宝的身体很健康。"

妈妈听了，又拿她在杂志上看到的知识反问道："阳性反应即使是检查正常也要观察一年吗？"

"过去是这样要求的。"

"过去的吗？现在怎么要求？"

"现在不像过去要求那么严了。但阳性反应者要求服抗结核的药物。胸片和血液都没问题也要服药，服药不会影响正常生活。有的医生认为阳性反应超过半年以上，如果身体状况良好，可以不服抗结核药。但我认为只要是结核菌素试验呈阳性就应该服药。"

"但是，我不清楚我的孩子是什么时间转阳的，怎么服药啊。"

"没关系的，只要下定决心服药，就不用管时间了。"

妈妈悬着的心放了下来，但又想起了新的问题："健康人吃药不怕有副作用吗？"

"我开的药是副作用很小的异烟肼，给好人吃有副作用的药，这样马虎的事我是不干的。按每公斤体重10毫克的量给药，可以每天服一次，也可以分成两次服药。服药半年到一年，有阳性反应的小孩子发生肺结核的可能性就减少了。你刚才说还可以用链霉素，那种药绝对不能给小孩子使用。我见过有的小孩子只用了5针药就成了聋儿。"

妈妈生病了——
不能随意用通便药

　　早上妈妈送爸爸出门后，感觉有些不舒服，肚子里翻腾得厉害，想吐也吐不出来。妈妈在洗手间待了好长时间才出来，奶奶关心地问："你是闹肚子了吗？"

　　"没有拉肚子，只是有点儿想吐。"

　　"你要是肚子胀，就吃点儿通便药，就在厨房的抽屉里，我肚子胀的时候就会吃点，大便通了就会好了。"

　　妈妈正要去拿的时候，感觉身体有些不对劲，于是对奶奶说："我现在感觉浑身发冷，还是先去看看医生吧。"

　　我以为又可以去医生那里玩汽车玩具，也抬头说道："去看医生吧。"

　　妈妈看我也乐意去，她就让我陪

着她去看医生了。

见了医生，妈妈说："我的肚子不舒服，给我开点儿帮助消化的药吧。"

医生没有按照妈妈说的去做，而是仔细地给妈妈把了把脉，又看了看舌苔，说道："舌苔有点儿厚，脉搏也偏快。小肚子是不是有些疼痛啊？"

"是有一点儿疼。"

"病得有点儿奇怪。你觉得发烧吗？"

护士阿姨过来给妈妈测了一下体温，37.7度，医生让妈妈躺在体检床上，用手摁了摁肚脐右下方的位置，问道："这儿疼吗？"

妈妈表情有些痛苦地说："疼。"

医生说："这就对了，起来吧，大概是得了阑尾炎。"

妈妈吃惊地问："真是阑尾炎？"

医生说："是阑尾炎，内科保守治疗也有效，但毕竟是外科疾病，还是早点儿手术好，即使你感觉病情较轻，如果不治疗病情也很快就会加重。对了，你自己服过药吗？"

"还没服什么药，不过，在我来看病前，有服通便药的想法。"

"幸亏没服什么通便药，阑尾炎最怕服通便药了，不仅会控制盲肠的炎症，反而还会因加快肠蠕动而引发肠穿孔，进一步发展成腹膜炎，那可是有生命危险的。"

纸片游戏——
平等的感觉

　　妈妈决定去住院做手术治疗，医院的救护车直接到我家门口来接妈妈住院，爸爸问我愿不愿意陪妈妈一起去医院，我想起了以前奶奶带我去医院的痛苦经历，想到医院里那些凶神恶煞般的护士，我再也不想去医院了。正好这时小源哥哥站在巷子口叫我一起去玩，我也就不再留恋父母了，爸爸和妈妈对我说完再见就坐车走了。我想爸妈晚上还会回来陪我的，所以就跑去跟小源一块儿玩，奶奶在后面叹了口气，说道："有了玩伴就什么也不要了，妈妈走也不去追。"

小源他们正在拍纸片，他的流行性腮腺炎好了以后又回到了小伙伴中间，依旧是我们的老大，而且还带来了可以玩游戏的画片。小朋友们也像小源一样去买了些画片，准备跟着他玩。

　　弹玻璃球的游戏对我来说很难，拍纸片的游戏就更难了。用自己的纸片去拍别人放在地上的纸片，如果纸片可以翻过来，你就可以得到它。小源有一个可以让纸片竖立且不翻的秘诀，所以就很快把我们这些小孩子的纸片都赢走了。即使我输了，也玩得很高兴，因为每个人都有去挑战别人的权利，让我感觉到一种独立自主的快乐。纸片虽然没有了，但那都是规则决定的。在奶奶看来，我还小，玩这种游戏肯定会输，但是游戏的乐趣不在输赢，只要加入进去就很有意义。这是在大人们中间很难体会到的一种平等相处的感觉。

　　妈妈说这样的游戏像赌博，我不知道赌博是什么，但是我认为如果赌博能够按照正确的规则来做也不是什么坏事情。让我在快乐中学会了冒险与决断。也可能大人们之间的赌博不会像我们的输赢一样，我输的只是一张一日元的纸片。

　　现在，巷子里在一块儿玩的小伙伴之间流行这样一句话："木头，快点儿。"

　　这句话是为了警告那些出手太慢的小孩子的，如果轮到你拍纸片，却迟迟不出手，就会被后面的人这样大声催促。

小源最早发明了这句话，他先用来催健次，健次又用来催泰造，只要有人出手慢了，大家都会说他是木头，并一起哄笑。这句简单的话可以让我们的行动变得如此的统一。

深夜腹痛（一）——
又是肠套叠吗？

肚肚疼

每当爸爸和妈妈留下我一个人出门，晚上回来的时候必定带着土特产，这次我也是这么认为的。然而到了晚上只有爸爸一个人回来了。

"妈妈什么时候回来？"

我的问题让爸爸面露难色，一副欲言又止的样子。这时奶奶说话了：

"妈妈生病了。现在住院打针呢，再过 6 天就回来。小宝，想和妈妈一起去医院打针吗？"

"不要！我讨厌打针！"

"那就乖乖在家待着。今晚和奶奶一起睡。我家的小宝可乖了。"

"爸爸也要一起睡。"

"嗯，爸爸也一起睡，今晚大家一起睡。"

就这样，我、爸爸还有奶奶就在里面的房间睡下了。白天我玩拍纸片儿累着了，很快就进入了梦乡。

半夜醒来，家里还点着一盏昏黄的灯。爸爸背对着我睡着。屋里有奇怪的响声，就像是动物园里老虎发怒时候的声音，我听着声音是从奶奶那边传过来的，没准那只老虎正盯着奶奶呢。真可怕，奶奶和爸爸都快点儿起来啊。我正想着该怎么办呢，突然脐周就开始疼起来了。

我哭着说："肚肚疼！"腹部疼得更厉害，爸爸和奶奶同时醒了。

"宝宝怎么了？爸爸和奶奶都在哦。"

"做噩梦了吧，大家都在呢，不用害怕。"

我坚信有人能理解我的痛苦，于是哭得更大声了。

"肚肚，疼！"

爸爸和奶奶跑到我的身边，问：

"哪里疼？肚子？这里吗？"爸爸一边说着一边检查我的肚子，我点点头。

"奶奶，怎么会这样？这孩子之前也是这里疼，得过肠套叠，不会是又犯了吧。"

奶奶抱起我对爸爸说，"快去叫大夫吧，我在家里先看着他。"

深夜腹痛（二）——
病自己好啦

儿科医生到我家来出诊了，他先量了量我的体温。

"36.5 度。"

医生刚说完，奶奶就问："阑尾什么的没事吧。"

"两岁的孩子没有得阑尾炎的，大概开始上学的时候才会得。小宝啊，你最乖了，这个红卡车你最喜欢了吧，今天晚上就借给你吧，明天和爸爸一起来还给我。"

医生这么说着，从包里拿出了卡车玩具。我的心情没有那么紧张了，肚子疼的症状也就减轻了。医生把两手靠近火盆取着暖。

"宝宝，今天玩拍纸片儿了吧。"

真是个观察仔细的人。我脑海中浮现出拍纸片时有趣的画面。医生给我检查肚子的时候，他的两只手也十分暖和。他完全都没有听见在摸到哪个地方的时候，我喊疼。每个地方都好好地检查了。这到底是怎么回事？居然哪里都不疼了。

"我这么按压孩子，他的脸色都没变，应该是没有什么问题。"

医生这么说着，又捂了捂他的听诊器。

有点儿凉的听诊器贴在我的前胸和后背。医生听完之后就不再理我了，和奶奶说起别的事情来。

"少夫人的手术结果也出来了，没什么问题吧。"

"唉，真是太感谢了，托你们的福，她可以早些回家，谢谢大夫对我们如此关照。"

然后，医生对爸爸说：

"这孩子，与我都熟了，我每次给他看病，他一点儿都不害怕。应该是我平日里给他看病总不打针的缘故吧。如果小孩子一看见医生的脸就觉得害怕，哭得看上去跟疯了似的，就没有办法好好地检查了。都说儿科医生不能给哭泣的孩子看病，其实也不对。小孩子只要有一点儿不舒服就会表达出来，而医生就是倾听他们的人，然后才能得出正确的诊断。"

奶奶听了频频点头。医生看了看表，说：

"这么看来，疼痛没有再发作，应该不是肠套叠。灌肠之类的就算了吧，就让他睡觉吧。明天早上化验一下大便，就知道是什么问题了。"

深夜腹痛（三）——
脐疝痛

　　早晨起床后，我觉得非常舒服。因为星期天爸爸不用上班，他还在睡觉。昨天半夜起来折腾得还没睡够。尽管如此，我还是起床了，奶奶听见我喊她的声音就睁开了眼睛。

　　"呀，宝宝肚子已经不疼啦。"

　　爸爸听见我醒了，奶奶冲着他眨眼、嘟嘴的"发暗号"。这一定是昨晚医生教给他们的。小孩子听见别人说疼自己就说疼，别人要是不说也就没事了。

　　"嗯，已经不疼啦，爸爸，去找医生，要还卡车。"

　　"昨晚的事情记得还很清楚。"

　　爸爸起床后，大家一起吃了早饭。今天的早饭没有面包和红茶，也没有黄油。这肯定也是医生嘱咐的。

　　我吃过饭之后排了大便，奶奶留了一点儿准备做检查。爸爸拿着卡车和标本盒，我们就去了儿科医生那里。爸爸对着医生鞠躬行礼，我也行了礼。

　　"医生，谢谢你的卡车。"

　　医生取过卡车放到一边。

　　"谢谢！昨晚真的是非常感谢。"爸爸再次鞠躬行礼。

医生把爸爸带来的标本盒拿进了试验室。过了一会儿，他出来对我们说：

"没有找到蛔虫卵，也没有便血，验血反应是阴性结果。这么看来，昨晚果然是脐疝疼。"

"脐疝疼。您给起的病名吧。"

"什么呀，这个病就是这个名字，教科书上就是这么写的。"

"真是个奇怪的名字。脐疝疼。"

"敏感的孩子容易得这个病。说是儿童神经官能症，但是对这个病都不是很了解。这个病真是麻烦。常在半夜发作。孩子肚子疼得直哭，却不知道是什么原因。就算知道病因，却还有自愈性。到早晨就没事了，没有发热，也没有呕吐。如果是肚子里有蛔虫，大便里应该就能查出蛔虫卵。哪里都没有问题，自己就能好，因为孩子们都说脐周疼，所以起了这样的名字。这个病还会反复发作，你们要有心理准备。"

深夜腹痛（四）——
喝药

　　医生果然说得没错。接下来的晚上肚子总是一阵一阵突然就疼起来了。

　　"宝宝还是脐疝疼吧。真是个麻烦的病。"

　　奶奶愁眉苦脸的，爸爸听见我"疼啊疼啊"喊着也很担心。妈妈还生着病不在家，万一我要是病情加重，可怎么跟妈妈交代。虽说脐疝疼的病因不明，可说不准会发展成肠套叠。这么一想爸爸就坐立不安。

　　"奶奶，还是给医生打个电话问问吧。"

　　"不太合适吧，每晚都因为这事麻烦人家。会不会还和昨天晚上一样啊。"

　　"可是万一孩子的病加重了，怎么办呢？"

　　听我喊着疼，奶奶把我抱在怀里轻轻摇着，让我舒服了不少。奶奶一停下来，我就喊疼。爸爸听不下去了，跳起来就要出门。

　　我睡得迷迷糊糊的，听见爸爸的声音就醒了过来。

　　"大夫，我只好来诊所，因为我描述不清楚宝宝的情况，还不能说就是脐疝疼。如果是肠套叠，那么疼痛应该更规律，而且孩子看上去更难受。上次诊断肠套叠的时候，他的脸色就很不好。虽然这么说我还是带他过来让您再看看，万一是肠套叠别耽误事儿。"

"就是因为这样才这么晚来找你啊。宝宝，你还疼吗？"

奶奶这么一问，突然，我发现已经不疼了。半夜，我和爸爸两个人赶夜路太孤单了，真不想出门。这么想着居然一点儿都不疼了。

"肚肚不疼了，好啦。"

爸爸有点儿生气，说："行啦，小宝，别不懂事。"然后用指头弹了我的头一下。

我"哇—"的一声哭了起来，奶奶赶紧摇晃着我，不知道什么时候就睡着了。

第二天早晨，我特精神就起来了。爸爸睡过头上班快迟到了，连早饭也没吃就飞奔出门。

又是一个夜晚。吃完晚饭和爸爸一起玩赛马游戏。大概到了9点左右，奶奶拿来了果汁让我喝。平时，晚上爸爸妈妈很少让我喝果汁的，我也没多想就喝下去了。那天夜里睡得特别香。那个果汁真是神奇。

说脏话（一）——
交流方式

万岁！妈妈从医院回来啦！为了表扬妈妈不在家时我的良好表现，给我买了一套可以组合起来玩的玩具。妈妈回来之后我又可以在二楼睡觉了。果然妈妈的怀抱才能让人安心。以后我再也不会半夜肚子疼了。

每天白天拍纸片是我的固定娱乐项目。我乖乖地和朋友们一起玩拍纸片，奶奶就会多奖励我一些买纸片的钱。就算小源把我的纸片都赢走了也不是什么损失。但是我却养成了骂人的口头禅。奶奶做饭慢了我也说，妈妈给我穿衣服慢了我也说。

这果然成了个问题。晚上，爸爸和妈妈在二楼召开了充满争论的教育会议。

"真难办啊。居然学会了这么难听的话。和邻居的野孩子们一块儿玩一点儿也不学好。"

"和他们玩也不是都不好。这样，每天奶奶都可以空出时间来干一些家务活。"

"可是，学的话也有点儿过分吧。对着大人说这些不好听的话，真让人难以接受。幸好是我不在家的时候，他学会的这么多的脏话。如果是奶奶不在家的时候，他学会这么多的脏话，我可就难办了。肯定会说我没教育好孩子。"

"不幸中的万幸吧。"

"什么万幸啊，这是大人不幸中的小不幸才对。老公你要好好考虑考虑，孩子这样可怎么办。既要让他有朋友一块儿玩，又要让他不学脏话。"

"我不认为这样有什么不好啊。"

"搬到别处去住的时候，再这样可就麻烦了。我们可是肩负着教育孩子的重任呢。"

"所以说行动之前要认真考虑一下。小孩子的话也是社交的方式。现在宝宝和不好的孩子在一起玩，如果不学会他们之间的这种交流语言，他们就不可能在一起做游戏。这件事你也有责任，教儿子说的话其实不适合他们，对这里的孩子来说像外语一样。这么大的小孩子有朋友一块玩最重要，提高品位那是以后的事。要是连这么重要的人际交流都舍弃就不好了吧。我觉得这样挺好。反正不知道什么时候我们就离开这里了，将来去了别的地方，等孩子也长大了，再学习使用其他的交流方式吧。"

说脏话（二）——
给孩子们做指导

教育会议还在继续。

爸爸认为孩子在外面学会了说脏话不用那么担心，这一点爸爸完全没有说服妈妈。

"我知道小孩子每天都会说好多的话，要重视他们生活中的语言。对小孩子说的话严格要求，让他说话有板有眼，只不过是满足父母的虚荣心。但是也不能让我们的儿子学会说这么难听的话，我们的生活不一定要有多高的品位，可人品却不能低下。"白痴"什么的那是骂人的话。每天家里用的东西要保持干净，我希望说的话也是干净的。我们和别人吵架的时候也会骂人，但是那种时候谁也不想冒出几句脏话。骂人的话也可以不是那么难听的。"

妈妈充满气势的话顿时压倒了爸爸。

"而且我不觉得宝宝说的话有多好。要是说宝宝因为学会这么说话能和别的孩子玩得好，家里的长辈们也真能忍得住。"

"我觉得其他的孩子也有问题。最近孩子们都在玩拍纸片吧。拍纸片作为一种游戏，孩子们都觉得有意思。

小源就是孩子头儿吧。小源虽然不是什么坏孩子，有的时候却很滑头。我也是最近才悄悄观察到的。拍纸片的时候，发现小源自己的纸片下面有小石子，马上要拍的时候就把下面的石子拿掉。他这么做别的孩子也没有说什么。连玩这种游戏都不遵守规则。别的孩子因为小源个子大、有力气就只能忍气吞声。这样一来就会产生被奴役的感觉。"

爸爸从妈妈的话里找到了和以前不一致的地方，并对此作出了反驳。

"不是你让他和别的孩子一起玩的吗？"

妈妈才不会这么简单就认输。

"是我让的，可小孩子如果不经历一下集体生活，怎么能知道朋友的必要性呢。从实际情况来看，"无政府主义"和"独裁政治"都是存在的。你什么都不管才没有发现。"

"那到底要怎么做才好？"

"集体生活是必要的，但是却不要和坏人为伍。我们这些家长不能放任自流，应该请一个育儿专家来指导一下如何教育孩子。"

小儿麻痹的疫苗（一）——
要接种吗？

    保健所通知让孩子们接受小儿麻痹的预防接种，因此，在公共浴池里大家都在讨论这件事。

    "邻居小竹得了小儿麻痹，去保健所打了针不也没有治好吗？"

    首先打开话匣子的是泰造的妈妈。另一个阿姨因为女儿得了病总是住院，多少知道一些医学方面的事情，反驳了泰造妈妈。

"小竹是脑性的小儿麻痹，就是一出生脑子就有的病，不是传染的。这次保健所的通知是让孩子们接种流行性小儿麻痹的疫苗。得过小儿麻痹的孩子就不需要接种了。这个和治疗不一样。"

一听那个阿姨这么说，泰造妈妈不说话了。身上有灸痕的阿姨接着说话了，她这个人就不怎么相信现代医学。

"预防接种不怎么让人喜欢。以前有亲戚家的孩子去保健所接种小儿麻痹疫苗，接种第二天就起了好厉害的荨麻疹。"

那位知道医学知识的阿姨，因为女儿的脑膜炎被治好了，所以要替医生辩解一下。

"大概一千个人里面出了这么一例，其他的孩子却免除了小儿麻痹这种病难道不好吗？"

立场鲜明的独身设计师小姐也加入了谈话。

"现在用的疫苗都是美国产的，恐怕还是有问题。政府高价从美国购入，根本不听民众的意见。听说俄罗斯的疫苗就是百分之百的有效，政府却不买。如果买了，如今用补助金制作疫苗的公司就该倒闭了。政府真是不像话，这完全就是垄断资本的利益驱使……"

从设计师小姐所讲的事情中，最终得出了政府不干好事的结论。政府也许是不怎么得人心，但是她每次都那么说，谁也没兴趣听下去她后面说的话了。这样说话的人真是吃亏。可惜了这么好的一个人。

设计师小姐的出现让关于疫苗的议论散场了。本来还犹豫要不要给我接种疫苗的妈妈，在加入这场讨论之后更加迷惑了。

第二天妈妈去找医生要抗结核药的时候，问了医生关于我是否接种疫苗的问题。

医生说："还是去保健所接种一下比较好。"

小儿麻痹的疫苗（二）——
接种了

"还是接种比较好。"医生搁下杂志，把眼镜放在桌子上说。

"不是有人说疫苗有副作用吗？"

妈妈把从浴室里听来的议论说给了医生听。

"疫苗本身没什么副作用。如果有，就应该是在制作疫苗的时候，加入的链霉素和青霉素的副作用。疫苗都经过测试没什么危险。"

医生很诚实地回答了妈妈的疑问。

"我听说美国常用的索氏疫苗不好，未加工的疫苗才好，是吗？"妈妈继续问。

"没有这回事。总之，隔半个月或一个月做第一次和第二次接种，差不多7个月的时候第三次接种，大概就能预防80%的小儿麻痹了。其余的20%现在还没有办法预防。索氏疫苗可以预防80%就很难得了。日本现在还没有这个技术，不给孩子接种的父母都想什么呢？"

医生刚说完，妈妈紧接着又问了下一个问题。

"听说俄罗斯的未加工疫苗可以百分之百的预防呢。"

"能不能百分之百的预防不知道，但比起索氏疫苗的预防效果要好。他们做成了软糖的样子，可以口服，比注射更容易让孩子接受。针对活跃期的病毒免疫时间也长。索氏疫苗每年都要注射比较麻烦，况且未加工的疫苗在价格上更便宜。这都是生产设备的问题了。"

"要用相当大规模的设备吧？"

"是，设备是需要的。但是因为要用活的病毒，所以要严格试验以保证确实没有害处。这样比起来，日本还是进口疫苗，只进行鉴定，比较简单。"

"疫苗公司没有从中作梗吗？"

医生的脸色稍微有些不好看，说："也许有这个因素。但是根本原因是政府拨给预防卫生研究所的经费不够。这需要大量的经费，暂时不可能像俄罗斯一样。日本的研究者也想作出疫苗来，可是没有经费。研究小儿麻痹活疫苗和研究喷气式飞机一样重要。这么一想政府还是更重视军备问题。"

斜视——
手术要在幼儿期

最近在巷子口的孩子群里没怎么见到健次，妈妈也很在意这件事。正好在募集街道款项的时候，她见到了泰造的妈妈。

"健次那个孩子啊，最近没怎么见到，出什么事了吗？"

"健次因为'这个'毛病住院了。"

泰造的妈妈这么说着，突然好像演员一样，两只眼睛学起了健次斜视的样子。

泰造妈妈学得很像，有点儿吓人。妈妈不喜欢她这种拿别人生理缺陷开玩笑的行为，语调平淡地说："这样啊，但是斜视手术是不是应该等孩子大一点儿再做？"

"我们开始也

是这么觉得的。健次的爸爸觉得既然不得不做吧，还是决定小的时候做吧。斜视的人不是只有一只眼睛好用嘛，时间长了养成一只眼睛看东西的习惯可不好。如果等到身体发育差不多再做手术，那么养成坏习惯可怎么办。趁着现在还小，手术之后两只眼睛都可以练习看东西。这么小就做手术，不练习还不行，只好决定在上幼儿园之前把手术做完。"

"原来是这样。能快点好起来就好了。"

"肯定会好的。之前卖烟老板的女儿做手术也是很快就好了。"

泰造的妈妈回去后，奶奶从屋里出来了。

"她回去了？她的话只能信一半，我在里面一直没出来。对了，咱家孩子的爸爸也有过斜视。"

妈妈听说这件事吓了一跳。

"唉！我一点儿都不知道。也是做了手术好的吗？"

"不是特意要瞒着你。爸爸自己也不知道。好像是他在4岁时的事情，突然发现他斜视，我们吓坏了。是白喉导致的后遗症。发病前两周因为白喉在医大附院住了院，所以考虑跟这个病有关系。当时真是不知道该怎么办了。他自己说看东西有重影。差不多两周以后就好了。"

电视（一）——
是好是坏？

我最近有了晚上找朋友玩的习惯。

小源家买了电视机。每晚我都去他家看电视，都成瘾了。小源家晚饭吃得早，大概 5 点就吃完了。我家要等爸爸回来再吃，7 点才能吃完。因此我每天 5 点半到 7 点这段时间就去小源家看电视。

电视机前常聚集了一群孩子，小源的权利渐渐变得越来越大。

他的杀手锏通常就是那句"别想看电视了"。当然看电视的时候小源也是个"独裁者"。我们都想看那些有动物的连续节目，小源总是看有武打片的节目，大家看不到一块儿去。而且小源在看完这些武打片之后，总是想对我们实践一下这些故事情节。第二天，小源就会扮成"正义的一方"，我们这些个子小的只能扮成坏人。坏人们一不小心就从悬崖上掉下去摔死的情节可真是要命。第二天我们全都从儿童公园的滑梯上重演了这一幕。

果然，我在晚上也出去玩这一事变成了家里的大问题。如果我家也买了电视，我就不用去别人家玩了。到底买不买电视呢？爸爸和妈妈召开了教育会议，这次奶奶也加入了。奶奶和妈妈反对买电视。奶奶发表了这样的意见：

"小孩子是非不分，这样学下去搞不好会成杀人犯的。"

妈妈认为："我们的教育方针都被搅和得乱七八糟了。"

可是，在外面看电视的机会更多的爸爸却有其他的想法。

"你们总说电视不能看，这样是不行的。电视这个新生事物有好有坏，但是大家说起来的时候还都认为有必要。从商业或一般家庭角度来看也不是没有需求。那么多家庭看电视，也有说好的，也有说不好的。况且其他的孩子都可以看电视，只有自己不能看，还是会影响孩子的精神发育。世上很多事情都在发展变化。走到哪一步说哪一步的话。难道说因为会发生交通事故，所以就不能出门吗？不管电视是好还是坏，都是很有必要的。"

电视（二）——
益处和害处

关于电视的问题令人意外的简单解决了。我家也添置了电视机。惠美的爸爸来探望奶奶的时候送来了电视。

电视让家里的生活产生了巨大的变化。首先就是爸爸回家变得早了。迄今为止，爸爸尽可能早些回家是为了调节妈妈和奶奶之间的婆媳关系，现在爸爸回家非常准时。

其次就是奶奶变得现代化了。她本来就不愿意用洗衣机，而现在用的多了。原因是为了节约一些时间好去看电视。

妈妈也享受到了电视的好处，可以说她受益最大。她和奶奶一起看电视，有了共同的话题，她俩的关系缓和了不少。有代沟的人之间也能互相理解了。

以前晚上都是我和爸爸妈妈上二楼去睡觉，奶奶一个人在楼下看报纸。现在到了很晚，也能听见我们一家人在电视机前的笑声。

但是，电视不仅仅只有好处。

我最近变得更像一个夜猫子了，晚上过了9点还不睡觉，早晨也不起床。这不仅对我不好，爸爸也很累。

他把我哄睡之后，还要完成很多工作，关上电视，灯光也调得很昏暗，都是为了让我早睡觉。我躺在床上睡不着，还只能躺着，难受得我直发牢骚。一个小时、一个半小时过去了，我还在发牢骚。不久我就睡着了，爸爸妈妈听完我的牢骚再睡着的时候已经不知道几点了。最近被我的牢骚烦得爸爸妈妈也不让我早睡了。

我会唱很多广告歌曲。这些歌曲朗朗上口，很多孩子都会唱。有一次和爸爸妈妈一起出去玩，爸爸听见我唱歌不高兴了。

"宝宝，不要到处去唱这个歌宣传了。"爸爸这么说。宣传？这首歌曲好像是爸爸公司竞争对手的广告歌曲吧。

有一次，我学电视里的人说了些男女间让人不好意思的话，也被批评了。还有很多话都是我无意间学会的，就不一一详细地说了。

晚上，爸爸和妈妈好像在商量什么重要的事情。

"你大哥来信说他们一家要在东京住上两三年吧。"

"嗯，是这么说的。大哥不在，公司的事情就麻烦了。"

爸爸和妈妈想了好久都没有说话。

"那老公你怎么办呢？是暂时住在这里，还是要搬回东京？"

"你来决定吧。"

妈妈看着爸爸，笑着问："老公，违反结婚时候的约定可不好吧。"

"嗯。"

"其实这样也好。我和婆婆住在一起，也没有那么辛苦。刚开始确实很累，我什么也不懂。可是现在不一样了。婆婆是个很好的人。让她一个人无依无靠的，我觉得心里过意不去。我不想回东京住，如果回去那边住，婆婆又该是一个人了。她上了年纪，留下她一个人怎么行。而且，大家脾气性格都了解了，住在一起也热闹。还是住这里吧。"

一直听着也没说什么的爸爸，大声地说：

"谢谢！我也很担心让妈妈一个人住。我这个现代派的人的想法有些落伍了吧。我们刚组成了一个现代化的小家庭，不能再回到从前的大家族生活中去了。支持这些小家庭存在的就是养老院，但现在还不健全。我不赞成去养老院，把身体不健壮的妈妈送进养老院，我怎么也接受不了。而且他们西方人的教育方式和我们不一样。现在的老人们，不能忍受孤独的晚年生活。他们肯定会这么想，好不容易有一群孩子，为什么还要去养老院呢。现在还是过渡期，随着日本现代化的推进，空巢家庭的数量还会增加，那时候的养老设施大概就会变好了吧。"

"也许吧。如果我们多动脑，想法周全些，即使是几辈人住在一起也可以快乐地生活。"

图书在版编目（CIP）数据

我两岁／（日）松田道雄著；朱世杰译．－北京：华夏出版社，2012.1
ISBN 978－7－5080－6727－8

Ⅰ.①我…　Ⅱ.①松…②朱…　Ⅲ.①婴幼儿－哺育②婴幼儿
－家庭教育

Ⅳ.①TS976.31②G78

中国版本图书馆CIP数据核字（2011）第233758号

WATASHI WA NISAI
by Matsuda Michio
ⓒ1961 by Shuhei Yamanaka and Saho Aoki
First published 1961 by Iwanami Shoten, Publishers, Tokyo.
This simplified character Chinese edition published 2012
by Huaxia Publishing Co., Ltd., Beijing
by arrangement with the proprietor c/o Iwanami Shoten, Publishers, Tokyo

北京市版权局著作合同登记号：图字01－2010－3580号

出版发行：华夏出版社
　　　　　　（北京东直门外香河园北里4号　邮编：100028）
经　　销：新华书店
印　　刷：北京京科印刷有限公司
装　　订：三河市万龙印装有限公司
版　　次：2012年1月北京第1版
　　　　　　2012年1月北京第1次印刷
开　　本：880×1230　1/32开
印　　张：7
字　　数：150千字
插　　页：1
定　　价：28.00元

本版图书凡印刷、装订错误，可及时向我社发行部调换